ARTY & FILY ARTY & FILY E-CARD TOOL TALK

● 社区网站导航

● 制作房地产广告

● 制作幻灯片广告

● 制作游戏网站按钮

● 制作游戏广告

制作儿童网站导航效果

欢迎进入Flash世界

使用 Swish

制作小女孩奔跑弹跳动画

调整人物骨骼动画

制作魔术棒发光动画

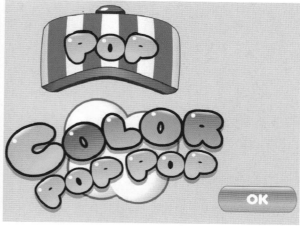

为元件添加链接

制作单场景动画

制作教育网站广告动画

绘制椰子树

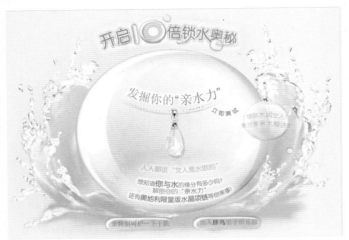

制作产品宣传广告动画

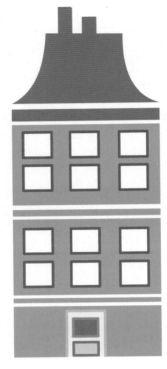

制作场景图形 3

制作挥动翅膀的动画角色　　制作企鹅跳跃动画

制作儿童食品广告动画　　制作元宝从天降的动画效果

● 加载库中的图像

● 制作动画场景中的阳光效果

● 燃烧的蜡烛动画效果

● 按钮翻转效果

● 制作小汽车行驶动画

● 制作角色推进动画效果

● 制作公交车行驶动画

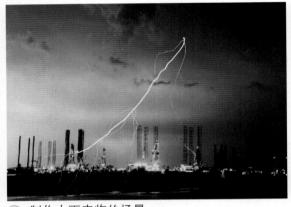 

制作大雨来临的场景

绘制小兔子　　　绘制小熊猫身体

绘制动漫人物的眼睛

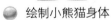

制作阳光明媚的场景动画

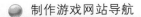

制作游戏网站导航

游戏角色人物绘制 2　　游戏角色人物绘制 3

● 发布为 JPG 图像

● 制作风中草丛动画　　　● 制作幻灯片

● 绘制小恐龙 2

● 绘制南瓜小车

● 绘制可爱的小鹿　　　● 绘制漂亮花朵

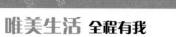

● 制作动态填充动画背景　　　● 制作闪烁的彩饰灯

光盘内容

全书所有操作实例均配有操作过程演示，共 85 个近 282 分钟视频（光盘\视频）

全书共包括 85 个操作实例，读者可以全面掌握使用 Flash CS6 进行网页设计的技巧。

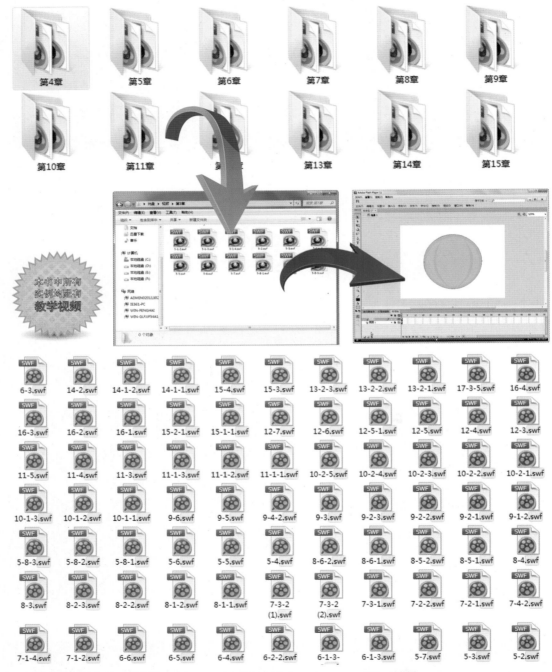

光盘中提供的视频为 SWF 格式，这种格式的优点是体积小，播放快，可操控。除了可以使用 Flash Player 播放外，还可以使用暴风影音、快播等多种播放器播放。

网页设计 殿堂之路

陈双双 编著

Flash绘图与网页动画制作全程揭秘

清华大学出版社
北京

内 容 简 介

本书将采用基础知识与操作实例相结合的方式，讲解使用Flash CS6制作网页动画的各种方法和技巧。

本书共分17章，从Flash CS6基础知识开始，逐步讲解绘图和动画制作过程中的绘制和操作技巧，并通过实例深入剖析场景绘制、角色绘制、基本动画、元件动画、角色动画和交互动画等动画制作的关键内容，介绍动画的发布、优化以及经典插件。同时针对Flash动画在网页中的应用进行了讲解，并通过制作实例练习引导读者快速进入网页动画的制作。

本书附赠1张CD光盘，其中提供了丰富的练习素材、源文件，并为书中所有实例都录制了多媒体教学视频，方便读者学习和参考。

本书结构清晰、由简到难，实例精美实用、分解详细，文字阐述通俗易懂，与实践结合非常密切，具有很强的实用性，是一本Flash绘图与网页动画制作的学习宝典。

图书在版编目(CIP)数据

Flash绘图与网页动画制作全程揭秘 / 陈双双 编著.—北京：清华大学出版社， 2014
(网页设计殿堂之路)
ISBN 978-7-302-36373-6

Ⅰ.①F… Ⅱ.①陈… Ⅲ.①动画制作软件 Ⅳ.①TP391.41

中国版本图书馆CIP数据核字(2014)第098928号

责任编辑：李　磊
封面设计：王　晨
责任校对：曹　阳
责任印制：王静怡

出版发行：清华大学出版社
　　　　　网　　　址：http://www.tup.com.cn，http://www.wqbook.com
　　　　　地　　　址：北京清华大学学研大厦A座　　　　邮　　编：100084
　　　　　社 总 机：010-62770175　　　　　　　　　邮　　购：010-62786544
　　　　　投稿与读者服务：010-62776969，c-service@tup.tsinghua.edu.cn
　　　　　质 量 反 馈：010-62772015，zhiliang@tup.tsinghua.edu.cn
印 刷 者：三河市君旺印务有限公司
装 订 者：三河市新茂装订有限公司
经　　销：全国新华书店
开　　本：190mm×260mm　　印　张：20　彩　插：4　字　　数：488千字
　　　　　(附CD光盘1张)
版　　次：2014年10月第1版　　　　　　　　　印　　次：2014年10月第1次印刷
印　　数：1～3500
定　　价：79.00元

产品编号：059414-01

　　时至今日，随着计算机和网络的普及，越来越多的人习惯用图片的形式传播信息。Flash 动画是一种综合绘画、文字、声音、视频和动画的媒体形式。丰富的组成元素也使得 Flash 动画的应用领域越来越广阔。

　　长久以来，Flash 动画中的场景和角色都是通过第三方软件绘制完成后，再导入到 Flash 中的。随着 Flash 软件本身功能的日益强大，使用其自带的绘图工具也可以完成精美的图形绘制。本书通过理论知识与操作实例相结合的方式，向读者介绍使用 Flash CS6 进行各种类型的动画设计的功能和操作技巧。

本书内容

　　第 1 章主要介绍绘画与动画制作基础，包括电脑绘画基础、了解 Flash 和 Flash 动画的创作过程等。

　　第 2 章主要介绍动画中色彩的应用，包括色彩基础、在动画中运用色彩、色彩的性格和利用色彩表现立体感等。

　　第 3 章主要介绍动画的透视与构图，包括动画场景的构图、透视术语、了解透视、空气透视和如何创建好的构图等。

　　第 4 章主要介绍 Flash 绘制基础，包括 Flash 的工作界面、文档的基本操作、对象的基本操作和"时间轴"面板等。

　　第 5 章主要讲解动画场景的绘制方法，包括选择调整对象、使用"刷子工具"绘画、任意变形工具、位图填充、"颜色"面板、设置颜色"不透明度"、使用"钢笔工具"绘画和动画场景的绘制等。

　　第 6 章主要介绍绘制动物角色，包括对象绘制模式、编辑填充、图层的使用、图层组的使用、调整图层顺序和调整图层的状态等。

　　第 7 章主要介绍绘制人物角色，包括使用图形元件与按钮元件、线条工具、渐变填充、角色设计和制作要点等。

　　第 8 章主要介绍 Flash 基本动画，包括逐帧动画、补间动画、补间形状动画、传统补间动画、遮罩动画、引导线动画等。

　　第 9 章介绍 Flash 元件动画，包括元件和实例、图形元件的高级应用、按钮元件、使用滤镜、影片剪辑元件、实例的颜色样式等。

　　第 10 章主要介绍 3D 和 Deco 动画，包括制作 3D 动画效果和制作 Deco 动画等。

　　第 11 章主要介绍创建角色动画，包括关于骨骼动画、使用绑定工具、向骨骼添加缓动、向骨骼添加弹簧、关于帧标签等。

　　第 12 章介绍 Flash 文档的交互性，包括了解 ActionScript、ActionScript 的工作环境、使用"代码片段"面板、使用 ActionScript 3.0 控制动作、使用 ActionScript 3.0 加载和卸载对象、使用 ActionScript 3.0 控制音频和视频、使用 ActionScript 3.0 处理事件等。

　　第 13 章以实例的形式介绍网页按钮动画制作，包括网页按钮设计原则和 Flash 网页按钮分类。

　　第 14 章主要介绍网页导航制作，包括导航动画介绍和 Flash 导航分析等。

　　第 15 章主要介绍网站广告动画制作，包括 Flash 中文本的类型、文本的调整、使用"场景"面板和"对齐"面板等。

第 16 章主要介绍 Flash 经典辅助软件的使用方法，包括 Swish、Swift 3D、Xara 3D 和 Particleillusion 等。

第 17 章主要介绍 Flash 动画的发布与优化，包括 Flash 测试环境、优化影片、Flash 动画的发布等。

本书特点

本书以 Flash CS6 版本为例，全面细致地讲解 Flash 在网页动画制作中和绘图方面的应用，同时结合实例，有针对性地对 Flash 网页动画的制作进行分析。

• 紧扣主题

本书全部章节均围绕着 Flash 绘画和网页动画制作的主题展开，所提供的实例也均与 Flash 动画制作有关。书中实例精美，内容实用性较强。

• 易学易用

采用基础知识与实例相结合的方式，使用户在学习后通过实例巩固学习的内容。

• 多媒体光盘辅助学习

为了增加读者的学习渠道，增强学习兴趣，本书配有多媒体教学光盘，在该光盘中提供了本书所有实例的相关素材、源文件以及视频教学，使读者可以得到仿佛老师亲自指导一样的学习体验，并能够快速地应用于实际工作中。

本书作者

本书由陈双双编著，另外，李晓斌、张晓景、解晓丽、孙慧、程雪翩、王媛媛、胡丹丹、刘明秀、陈燕、王素梅、杨越、王巍、范明、刘强、贺春香、王延楠、于海波、肖阁、张航、罗廷兰等人也参与了编写工作。本书在写作过程中力求严谨，由于水平有限，疏漏之处在所难免，望广大读者批评指正。

编　者

第1章 绘画与动画制作基础

在开始使用 Flash 绘制图形、制作动画前，首先要掌握 Flash 绘画和动画制作的基础知识。了解 Flash 绘图的方法和技巧，Flash 动画的特点以及 Flash 动画制作的流程等内容有利于我们快速进入 Flash 的动画世界。

1.1 电脑绘画基础

一说起绘画，大家首先想到的就是拿着笔在画板上绘制的场景。计算机技术的发展与互联网的日益成熟使得越来越多的人选择使用电脑绘制图画。

1.1.1 电脑绘画的工具

使用电脑绘画的方法可以分为鼠标绘制和数位板绘制两种。

对于没有绘画基础的用户，鼠标绘制是不错的选择。鼠标是每台电脑必备的硬件，所以使用鼠标绘制比较方便，不需要额外购物设备。但是由于鼠标操作的局限性，要想绘制精细的图形，就不是一件容易的事了。通常需要耗费大量的时间和精力，而且使用鼠标绘制的图形一般都很规则，变化较少。

鼠标绘制图形

数位板适合有一定绘画基础的用户使用。可以使用数位笔完全模仿使用画笔绘画的过程。通过控制用笔的轻重可以轻松绘制出不同明度、不同粗细的线条。数位板需要用户购买并正确安装后才能使用。绘制出的图形自由度很高，效果逼真流畅。

> **提示** 购买数位板时要充分考虑板子的尺寸、压力感应和读取速度等参数。建议选择 8cm×6cm，压力感应在 1024 以上的产品。

本章知识点

- ☑ 电脑绘画的工具
- ☑ 了解位图和矢量图的区别
- ☑ 了解常见的图像格式
- ☑ 了解 Flash 的术语
- ☑ 掌握 Flash 动画创作流程

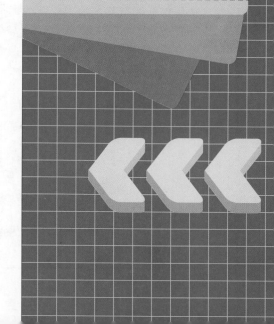

数位板绘制图形

1.1.2　位图和矢量图

虽然可以使用 Flash 制作出位图效果的动画，但 Flash 本身是一款矢量动画软件。在学习 Flash 动画原理之前，先来了解一下矢量图和位图图像的区别。

位图图像又称为点阵图像或绘制图像，是由作为图片元素的像素组成的。这些点可以是不同的排列和色彩显示以构成图像影像。在放大位图的时候总是会看见像锯齿一样的马赛克效果，每一个方块就是一个像素。位图图像色彩丰富，过渡自然，通常生活中看到的图像都是位图。由于位图图像一般体积较大，大量使用会影响最终文件的大小。

放大后的位图效果

矢量图像是通过数学公式的方式计算出的图形。这种图形具有颜色、形状、轮廓、大小和屏幕位置等属性。由于拥有这样的特性，矢量图形可以完成无级平滑放缩的操作。也就是说多次放大或缩小图像，都不会影响图像的显示效果。这些特征使其特别适用于 Flash 和三维建模。基于矢量的绘图与分辨率无关，这意味着它们可以按无限制的分辨率显示到输出设备上。但是矢量图形一般色彩不丰富，过渡效果不好，但最终文件一般体积较小，比较适合互联网传输。

放大后的矢量图效果

使用 Photoshop 和 Painter 绘制的图像一般都是位图。使用 Flash 和 Illustrator 绘制的图形都是矢量图。同时这些软件中也可以实现矢量图和位图的转换。

1.1.3　了解图像的格式

不同的格式代表了图像的不同属性，决定图像的不同用途。接下来介绍几种在 Flash 动画制作中常用的格式。

● **JPEG**

JPEG 格式是一种可以提供优质照片质量的压缩格式，是目前所有图像格式中压缩率最高的。这种格式的文件体积通常极小，非常适合存储大量照片的普通用户。JPEG 格式在压缩保存的过程中会以失真方式丢掉一些数据，保存后的照片品质会降低，但是人的肉眼难以分辨，所以并不会影响普通的浏览。

● **GIF**

GIF 格式使用的压缩方式会将图片压缩得很小，非常有利于在互联网上传输，此外它还支持以动画方式存储图像。GIF 格式只支持 256 种颜色，而且压缩率较高，所以比较适合存储颜色线条非常简单的图片。

● **PNG**

PNG 格式主要应用于网络图像，可以保存 24 位真彩图像，并且支持透明背景和消除锯齿功能，它还可以在不失真的情况下压缩保存图像。

● **FLA**

FLA 格式是 Flash 中使用的主要文件。它们是包含 Flash 文档的媒体、时间轴和脚本基本信息的文件。

● **SWF**

SWF 文件是 FLA 文件的压缩版本。一般通过发布出来，可以直接应用到网页中，也可以直接播放。

● **XFL**

XFL 文件格式代表了 Flash 文档，是一种基于 XML，开放式文件夹的方式。有了这种格式将更加方便设计人员和程序员之间的合作，大大提高工作效果。

● **AS**

AS 格式指的是 ActionScript 文件。可以将某些或全部 ActionScript 代码保存在 FLA 文件以外的位置，这些文件有助于代码的管理。

1.2　了解 Flash

在网络盛行的今天，Flash 已经成为一个新的专有名词，在全球网络掀起了一股划时代的旋风，并成为交互式矢量动画的标准。如今 Flash 这种互动动画形式已经成为设计宠儿，越来越多的网站采用了整站 Flash 功能。

1.2.1　Flash 的发展历史

Flash 的前身是 FutureSplash，在 1996 年诞生了 Flash 1.0 版本。一年后，Flash 2.0 推出，但是并没有引起人们的重视。直到 1998 年 Flash 3.0 的推出才真正让 Flash 获得了应有的尊重，这要感谢网络在这几年中的迅速普及和网络速度的提高，以及网络内容的丰富，加上人们对视觉效果的追求，让 Flash 得到充分的认识和肯定。

从 1999 年至 2006 年间，Macromedia 公司陆续推出不同版本的 Flash 软件，在不断增强软件功能的同时，也将 Flash 动画的运用迅速普及到了众多行业中。例如互联网、广告设计、视频剪辑和课件制作等领域。

2006 年 Macromedia 公司被 Adobe 公司收购，强大的后盾使得 Flash 进入了一个高速发展的过程。不断推出的新版本，在增加全新功能的同时，也加强了与 Adobe 公司其他软件的结合使用，例如 Photoshop 和 Illustrator。目前最新的版本是 Adobe Flash CC。

1.2.2 Flash 动画与传统动画比较

网络、动画和多媒体技术的发展，使音乐、动画和文字互相穿插为一种发展的趋势。Flash 就是这几种技术的一个接口，一个大型的 Flash 动画，可以应用 HTML、JavaScript、PHP、ASP、CGI 等技术，结合图像处理的 3ds Max、CorelDRAW、Illustrator、Photoshop 等技术共同完成。因此，Flash 打造的动画和传统的动画相比，具有以下几个特点。

- Flash 应用了矢量图的技术，使动画的体积小，在网络上的传输速度快，浏览者可以随时下载观看。
- Flash 的制作过程相对比较简单，普通用户掌握其操作方法，即可发挥自己的想象创作出简单的动画。
- 其交互性的特点，可以让浏览者融入动画中使用鼠标点击、选择决定故事的发展，让浏览者成为动画中的一个角色。
- Flash 动画的情节比较夸张起伏。
- Flash 创作的动画可以在网络和电视上同时使用。

1.2.3 Flash 动画的基本术语

在开始使用 Flash 绘制图形、制作动画之前，需要先对 Flash 动画制作中的一些术语进行了解，这样有利于接下来的学习。

- **场景**

场景是在创建 Flash 文档时放置图形内容的矩形区域，这些图形内容包括矢量插图、文本框、按钮、导入的位图图形或视频剪辑等。Flash 创作环境中的场景相当于 Flash Player 或 Web 浏览器窗口中在回放期间显示 Flash 文档的矩形空间。可以在工作时放大和缩小以更改场景的视图，网格、辅助线和标尺有助于在舞台上精确地定位内容。

一个 Flash 中至少包含一个场景，也可以同时有多个场景。通过 Flash 中的场景面板可以任意添加删除场景。

- **帧**

帧是进行动画制作的最小单位，主要用来延伸时间轴上的内容。帧在时间轴上以灰色填充的小方格显示。通过增加或减少帧的数量可以控制动画播放的速度。

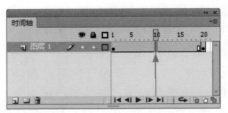

- **关键帧**

在关键帧中定义了对动画的对象属性所做的更改，或者包含了控制文档的 ActionScript 代码。关键帧不用画出每个帧就可以生成动画，所以能够更轻松地创建动画。关键帧在时间轴上显示为实心的圆点。可以通过在时间轴中拖动关键帧来轻松更改补间动画的长度。

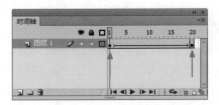

● **空白关键帧**

空白关键帧是编辑舞台上没有包含内容的关键帧。空白关键帧在时间轴上显示为空心的圆点。在空白关键帧上添加内容就可以将其转换为关键帧。

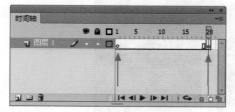

● **帧频**

帧频指的是 Flash 动画的播放速度，以每秒播放的帧数为度量单位，帧频太慢会使动画播放起来不流畅，帧频太快会使用户忽略动画中的细节。Flash 的默认帧频为

24 帧 / 秒，也就代表每秒中播放 24 帧。

Flash 动画的复杂程度和播放动画的设备的速度会影响动画播放的流畅度，所以制作完成的 Flash 动画要在不同的设备上测试后，才能得到最佳的帧频。

● **图层**

图层是透明的，在舞台上一层层地向上叠加。图层可以帮助组织文档中的插图。可以在图层上绘制和编辑对象，而不会影响其他图层上的对象。如果一个图层上没有内容，那么就可以透过它看到下面的图层。

可以创建的图层数只受计算机内存的限制，而且图层不会增加发布的 SWF 文件的大小。只有放入图层的对象，才会增加文件的大小。

1.3　Flash 动画的创作过程

传统动画创作流程中的绝大部分环节适用于制作 Flash 情景动漫，利用和借鉴传统动画流程，将会大大提高 Flash 动画作品的制作效率。

由于 Flash 所具有的矢量动画功能，使得可以对传统动画的各个环节做一些调整，使之更加适于发挥 Flash 的矢量动画功能的长处。

由于 Flash 动画创作从投入的成本到需要达到的效果等，都跟传统动画有很大的区别，因此在创作流程上，Flash 动画要比传统动画简单得多。Flash 动画创作流程，可以分为前期策划、剧本、分镜头、动画、后期处理和发布这 6 个步骤。

1.3.1　前期策划

由于 Flash 本身的限制，Flash 卡通动漫创作的前期策划工作相对于传统的动画项目，要简单很多。一般来说，相对正规一些的商业制作，通常都会有一个严谨的前期策划，以明确该动画项目的目的和一些具体的要求，方便动画制作人员能顺利开展工作。

在前期策划中，一般需要明确该 Flash 动画项目的目的、动画制作规划以及组织制作的团队。

1.3.2　撰写剧本

完成了前期策划后，根据策划构思，便可以创作出文学剧本，同时根据剧本进而对角色形象方面进行构思。Flash 动画剧本策划，除了对剧情分类、剧本表现种类、Flash 剧本编写原理、剧本段落分布、Flash 原创剧本、Flash 改编剧本等内容，还有一个最重要的剧本具体编写过程。

1.3.3　绘制分镜头

完成剧本后，就可以按照剧本，将剧情通过镜头语言表达出来。这需要先做好人物造型和场景等的设计，然后运用电影分镜头的方法，将人物放置在场景中，通过不同机位的镜头切换，来表达剧情故事。

1.3.4 动画制作

Flash 动画制作阶段是最重要的一个阶段，也是本书介绍的重点。这个阶段的主要任务是用 Flash 将分镜头的内容做成动画，其具体的操作步骤可以细分为：录制声音、建立和设置电影文件、输入线稿、上色以及动画编排。

● **录制声音**

在 Flash 动画制作中，要估算每一个镜头的长度是很困难的。因此，在制作之前，必须先录制好背景音乐和声音对白，以此来估算镜头的长短。

● **建立和设置影片文件**

在 Flash 软件中建立和设置影片文件。

● **创建线稿**

将手绘线搞扫描，并转换为矢量图，

然后导入到 Flash 中，以便上色。也可以在 Flash 中直接完成线稿的绘制。

● **上色**

根据上色方案，对线稿进行上色处理。

● **动画编排**

上色后，完成各镜头的动画，并将各镜头拼接起来。

以上便是 Flash 动画制作阶段需要完成的工作。

1.3.5 后期处理

后期处理部分要完成的任务是，为动画添加特效、合成并添加音效。在本书中将通过实例的形式向读者介绍 Flash 中各种后期处理技术。

1.3.6 优化与发布

发布是 Flash 动画创作特有的步骤。因为目前 Flash 动画主要用于网络，因此有必要对其进行优化，以便减少文件的大小以及优化其运行效率，同时还需要为其制作一个 Loading 和添加结束语等工作。

1.4 本章小结

本章主要针对 Flash 绘画和动画制作的基础知识进行了介绍。通过学习，读者可以对 Flash 动画制作有大概的了解，同时掌握一些与 Flash 动画制作有关的知识，为后面学习图形绘制和动画制作打下基础。

第2章 动画中色彩的应用

色彩在我们的生活中无处不在，在动画制作中也不例外。从黑白影片到彩色影片，大大增加了影像艺术的表现力。色彩作为动画造型中重要的表现手段，越来越受到动画创作者的重视。本章将针对在 Flash 动画制作中色彩的运用进行讲解。

2.1 色彩基础

色彩作为动画表现的重要元素，可以营造动画环境氛围、增强剧情感染力、刻画色彩情感以及提高动画欣赏价值。

2.1.1 色彩的特点

现实生活中的各种色彩在作用于不同的时间、空间和人群时，都会使人产生不同的生理和心理反应。所以在动画创作中，不同的色彩也就具有其自身的、特定的象征意义。动画师往往用一定的色彩来隐喻一种或多种抽象理念或思想寓意。

● **色彩的地域性**

不同地区的人们对于色彩也有着不同的偏好。在我国，人们对于红色有着强烈的偏爱。红色代表喜庆和热烈。逢年过节时红色是出现频率最高的颜色。而在欧洲人们对于蓝色极其偏爱。在非洲，当地人对高纯度和高饱和度的颜色喜爱有加。

动画片《小蝌蚪找妈妈》中使用了具有中国特色的水墨画。整个动画画面单纯、优雅，给人淡雅、朴素的色彩感受。日本动画片《千与千寻》中运用了大量日本民族所特有的朱红、草绿、蓝绿和黑色做对比，在介绍影片故事

发生的地域和时间特征外，还充分体现了民族和时代的特征。

《小蝌蚪找妈妈》

《千与千寻》

本章知识点

☑ 了解色彩的特点

☑ 色彩对场景氛围的影响

☑ 角色造型的色彩应用

☑ 掌握不同色彩的性格

☑ 色彩的立体表现

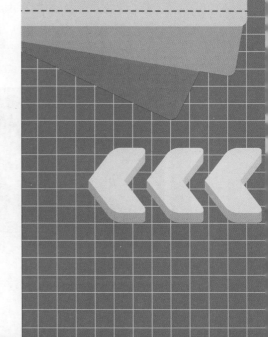

● 色彩的冷与暖

色彩具有心理联想的功能，能唤起人们不同的情感体验。不同的色调对应着人们不同的情绪，影响着人类的心理和生理变化。明亮和温暖的暖色调可以使人传达出兴奋、活跃、热情和积极的情绪，例如红色、黄色和橙色；清淡和雅致的中间色调可以使人感觉舒适、安静、平和，例如米黄色、粉红色和淡绿色；灰暗和抑郁为主的冷色调让人感觉寒冷、压抑、恐惧，例如灰蓝色、黑紫色和深蓝色。

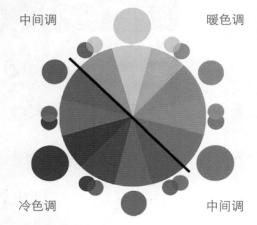

● 色彩的轻与重

色彩的轻、重与色彩的明度有关。明度高的色彩使人联想到蓝天、白云、彩霞及许多花卉还有棉花、羊毛等，例如白色、浅蓝色和浅绿色。产生轻柔、飘浮、上升、敏捷、灵活等感觉。明度低的色彩容易让人联想到钢铁、大理石等物品，产生沉重、稳定、降落等感觉，例如棕色、黑色和灰色。

色彩的轻与重

● 色彩的软与硬

色彩的软、硬感主要也来自色彩的明度，但与纯度亦有一定的关系。明度越高感觉越软，明度越低则感觉越硬。明度高、纯度低的色彩有软感，中纯度的色彩也呈柔感，因为它们易使人联想起动物的皮毛、绒织物等。

高纯度和低纯度的色彩都呈硬感，如果它们明度又低，则硬感更明显。色相与色彩的软、硬感几乎无关。

色彩的软与硬

● 色彩的前与后

各种不同波长的色彩在人眼视网膜上的成像有前后。红、橙等光波长的颜色在后面成像，感觉比较迫近；蓝、紫等光波短的色则在外侧成像，在同样距离内感觉就比较后退。

一般暖色、纯色、高明度色、强烈对比色、大面积色和集中色等有前进感觉；相反，冷色、浊色、低明度色、弱对比色、小面积色和分散色等有后退感觉。

色彩的前与后

2.1.2　动画中的色彩特征

动画是集视觉和听觉等众多因素于一体的综合艺术。很多人都认为动画就是静态绘图图稿的有序拼接和排列，其实远没有那么简单。

动画的视觉效果是在光影与色彩的不断流动中产生的，是不断运动中的诸多色彩画面的组合与剪接，根据不同段落的色彩变化形成整体的色彩节奏和韵律。色彩的象征，表面上看是单一色彩在画面中的运用所产生的一种意义，而实际上却是视觉联想作用于影片主题与叙事的结果。

在色彩的运动中，有一种承继关系和延续关系。各个镜头的影调和色调应该和该段落的内容和情绪保持一致。

色彩具有丰富的表现力，通过不断运动着的色彩来形成多样统一的运动色彩的和谐、对比和联系，从而形成动画所特有的色彩形式。

动画中某一种颜色为主导时所呈现出来的倾向性形成了色调，色调具有表现情绪、创造意境的功能。通过画面形象的色彩设计、提炼和选择搭配，渲染、烘托出主题中所需要的情绪基调和特定氛围。

动画的色彩是一种创作者和观众的视觉生理和心理表现形式之一。画面色彩的视觉效果越强，人们对画面的心理效果越持久。动画中的色彩比绘画上的色彩更注重整体性和倾向性。

2.2　在动画中运用色彩

要确定动画的色彩风格，首先要确定整个动画的表现风格。例如是写实风格还是装饰风格，或者其他风格。将色彩风格和动画表现风格完美结合，会形成一套符合动画要求的场景色彩风格。

2.2.1　色彩对场景氛围的影响

针对不同的场景设计风格，在色彩设计上要做出呼应。场景设计中，不同的色调会使观众产生不同的心理感受，会营造出迥然不同的场景氛围。

暖色调中，如红色、橙色和黄色，使人产生兴奋、热烈和烦躁等感受；冷色调中，如蓝色、绿色、紫色、黑色和白色等，使人感觉宁静、神秘。

热烈　　　　　　　　　　宁静　　　　　　　　　　兴奋

颜色的亮度对于动画也有直接的影响。高亮色调给人清新、明亮和开朗的感觉，例如蓝色、绿色、红色、黄色和橙色；中明度色调表现温馨平和的场景色调，这类颜色没有明显的对比和夸张，感觉舒适、安静、平和；重色调表现阴暗压抑的场景色调，例如灰蓝色、紫黑色、深蓝绿色等，使人感觉压抑、消极和悲伤。

高亮色调

中明度

重色调

动画中的绿色调给人以生命力、希望和放松的感觉，而灰绿色调则使人产生不安、恐慌等情绪。

希望

恐慌

放松

2.2.2　色彩对故事情节的影响

对于动画在叙事方面的表现，色彩的运用也起着重要的作用。运用色彩配合影片的节奏，可以得到意想不到的效果。

动画片《狮子王》中，其中有几处在色彩运用和影片节奏把握上非常成功、独特的段落。

当小狮子失去父亲时，它的心情无比灰暗，痛苦不堪。此时可怕的土狼又在追赶它，将它逼上了绝路——充满荆棘、恐惧、绝望的大象的墓地，此时画面中出现了大量的灰蓝色、紫黑色和暗红色的荆棘丛和枯骨堆，而小狮子显得渺小又孤立无助。观众从这个画面中可以读出一种无限压抑和消极的情绪。

压抑和消极

当受尽苦难的小狮子被伙伴们带到一片新的家园后，周围的一切都变得色彩丰富，五彩缤纷，到处充满活力和生气。观众的心情也随着画面的变化而变得阳光和开朗了。

活力和生气

当阴险的刀疤和它的党羽在一起密谋谋害狮子王时，画面背景转换为黄褐色，黑色的森林、黄绿色的岩石和水柱都让观众感到不寒而栗；随着刀疤阴谋的膨胀，整个画面上升为火红色，带给观众逼真的视觉冲击效果。

冷酷　　　　　　　　　　　　　　　私欲膨胀

2.2.3　角色造型的色彩运用

　　动画中角色的色彩设定对角色的塑造起着决定性的作用，在开始对角色进行颜色设置前，首先要把动画中众多角色的身份进行排列比较，区分出主要角色和陪衬角色，正面角色和反面角色等几大类别。

　　对主要角色进行色彩设定时，可以采用色彩鲜艳、明亮的纯色，以便和其他角色形成较大的对比和反差，使主角的地位更加突出。

　　对陪衬角色进行色彩设定时，可以根据其角色的性质选择一些低纯度的色系。如果是反面角色，可以使用冷色调的颜色为其进行颜色设定，例如墨绿色、深蓝色和黑色等。如果是正面角色，可以使用暖色调的颜色进行颜色设定，例如红色、黄色和橙色等。

　　随着剧情的推进，还要对角色设计不同年龄段、不同场次和不同光影中的色彩设计稿。色彩设定具有深层次的文学寓意，是动画通往大众心里最直接的要素和手段。

　　不同的颜色作用在不同的时间、空间和不同的人群时，会使人产生不同的心理和生理的变化。所以在动画创作过程中，不同的色彩也就具有其自身的、特定的象征意义，在集剧本、色彩、造型、音乐、画面结构及动画语言于一身的动画艺术创作中，色彩的使用将影响一部动画作品的艺术风格、情境定位和艺术感染力，是动画创作中一个关键的环节。

2.3　色彩的性格

　　各种色彩都有独特的性格，简称色性。它们与人类的色彩生理、心理体验相联系，从而使客观存在的色彩仿佛有了复杂的性格。掌握每种颜色的性格，并在动画设计中合理使用，可以使动画效果更入人心。

2.3.1　红色的色彩性格

红色的波长最长，穿透力强，感知度高。红色意味着热情与活力，同时也意味着热血与动力。红色是生命和感情的元素，它象征着生命力强、智慧、独立、有野心和成功的人群。

红色这种强有力的色彩，是最耀眼、充满生命力、有力量的色彩。它不仅能传达积极的信息，同时也能传达消极的信息，所以在各种场合和区域被广泛应用。

此外还有一种说法，红色能让人联想到熊熊烈火与新鲜鲜血，起着警示和危险的作用，是能够快速进入人的眼球并被人们大脑快速记忆的一种色彩。例如信号灯和警报灯等，都是以红色为主体，就是由于红色本身所散发出的高端的识别系统和凶险意识。

《阿拉丁》

《喜羊羊与灰太狼》

2.3.2　橙色的色彩性格

橙色就像是饱满的橙子一样，充满了欢快和活力，散发出温暖和快乐的光辉。橙色是七色光中的第二色彩，是一种激奋的色彩，同时也具有轻快、欢欣、热烈、温馨和时尚的效果。

橙色是应用广泛的色彩，就像硕大鲜黄的橙子一样，充满着力量和活力，激情四射，它的这种印象可应用在工业、农业、食品和包装等各种场合和范围。

橙色能让人想起新鲜水果和硕大的果实。橙色这种暖色调的色彩，可以愉悦人的心情，勾起人的食欲，所以橙色在饮食方面应用尤其广泛。

在印度、西藏和尼泊尔，僧侣的袈裟就是橙色，意味着无上的幸福。橙色又是万圣节的颜色，著名的万圣节杰克南瓜灯就是用橙色的南瓜制成的。从色彩心理学上分析，橙色可以对身心产生极深的影响，例如当心中失落或是不愉快的时候，多接触橙色对人的心情会有所帮助，橙色可以让人产生兴奋的感觉。

《化物语》

《交响诗篇 Eureka7》

2.3.3　黄色的色彩性格

　　黄色是阳光的色彩，是彩虹七色中最明亮、最轻快的色彩，具有活泼和轻快的特点，象征着希望、幽默还有知识。黄色的亮度最高，在与其他色彩相搭配时，都能表现出其独特的个性，运用黄色的设计，可以表现出流行而有活力的效果，营造出开朗的感觉。

　　黄色有着光芒的韵味，象征了黄色的权威含义。如宋太祖时期，诸将给其披上黄袍拥立为帝。到了明清两朝，黄色便成为皇家专用色彩。只有九五之尊的皇帝才能穿黄袍，故黄色引申为权力的象征，代表了无比神圣与尊贵。

　　黄色的种种印象说明其识认度比较高。在动画中通常可以用来表现皇权、警示和危险的信号。

《飞龙》

2.3.4　绿色的色彩性格

　　绿色在彩虹七色中居于中间位置，有着和谐、天然的特性。绿色代表着植物的色彩，是一种纯净的色彩，有着健康、生命、天然和安静的印象。

　　绿色在自然界中广为存在，绿色可以放松眼睛的功效是广为人知的，但是绿色不仅仅停留在对人的眼睛上，它对人的身心都能起到缓和放松的作用，比如在起居室摆放一些观赏植物，或者使用绿色的纺织品，可以令身心都得到很好的放松。如果使用的面积太大，有可能会让精神过度松懈，失去干劲。

　　绿色是大众化的色彩，给人一种安心和信赖的感觉，运用在动画设计上可以起到清新和耳目一新的新颖感觉，动画中一般用来表现安全、希望、田园、宁静和未来的感觉。

《哈尔的移动城堡》

2.3.5　蓝色的色彩性格

蓝色会使人很自然地联想起大海和天空，所以会使人产生一种爽朗、开阔、清凉的感觉，作为冷色的代表颜色，蓝色给人很强烈的安稳感，同时蓝色还能够表现出和平、淡雅、洁净和可靠等多种感觉。

说到蓝色就能想到水，并联想到冰冷和冷静，还会让人想起海空无限延伸的那种开放感，纯净的蓝色表现出一种美丽、冷静、理智、安详与广阔。

当我们在注视天空的时候，会有一种被吸引过去的感觉，这是因为冷色系的色彩是看起来比较远的"后退色"，而蓝色正是这一类色彩的代表。

喜欢蓝色的人，内省、有计划性、理智、自制力强、知书达理、认真、容易被信赖。它还是一种谦虚的颜色，象征着和平与博爱，深受人们喜爱。很多国家都把蓝色用在国旗上，像法国国旗就是蓝、白、红三色旗。

在动画中使用蓝色除了可以起到很好的烘托作用外，还可以准确地培养观众的动画情绪。这点在亚洲和欧洲有很大区别。欧洲的国家通常把蓝色看做一种忧郁的颜色，通常可以用来表达孤独与寂寞。而亚洲则使用蓝色表达宽广和博大的事物。

《魔幻飞马》

《远子》

2.3.6　紫色的色彩性格

紫色是混合了红色的能量和热情、蓝色的智慧与冷静的神秘色彩。由于一身兼备了红色和蓝色这两种完全相反的色彩特质，所以有着不可思议的吸引人的魅力。

在中国的传统中将紫色当成是一种尊贵的颜色，如北京故宫又称为紫禁城，亦有所谓紫气东来。受此影响，如今日本王室仍尊崇紫色。这源于中国古代对北极星的崇拜，不管东方还是西方，紫色都被当成是高贵的色彩，所以认为紫色材料的东西也是非常重要的。

紫色与其他色彩相比，是个"挑剔"的色彩。因为紫色包含着两种完全相反的要素，所以有的人可能是对此感到不安而讨厌紫色，也有一种说法是，紫色与天空的蓝色和植物的绿色等不同，在自然界中并不十分常见，所以不容易被人接受。总之，人们对紫色的印象比较极端，所以不要随便使用。

从心理学的角度来看，紫色象征优雅、高贵、魅力、自傲、神秘、印象深刻和幻想等。另外也有消极的一面，比如会引起人不安、悲伤和孤独等情绪。

一般情况下，紫色会给人一种高贵的印象，但实际上根据色相的不同，也有显得低俗的时候，如果偏蓝色则显得高雅，偏红色则会显得品位低下，所以紫色是个难以掌握的色彩。

紫色是由红色和蓝色调和而成的，正因如此，会让人感觉有一种失衡感，并且感觉到不安和忧郁。

通常喜欢紫色的人富有创造力，具备艺术家的特质，容易多愁善感，直觉敏锐，深谋远虑。他们总是在努力做得比现有的更好，无论是在信仰、情感或是精神方面，并且没有什么物欲。但需要注意的是，如果太过头了，就会变得脱离现实，不切实际。当紫色的消极影响冒出来的时候，有可能会受到潜藏的红色影响变得易怒易悲，还会感到忧郁和孤独。

动画制作时，可以使用红紫色表现女性妩媚的一面，也可以使用蓝紫色表现阴冷、恐惧的气氛。同时在表现一些宗教内容时，紫色也是不二选的颜色。

《魔幻飞马》

《Fate Zero》

2.3.7　黑、白和灰的色彩性格

黑色象征着庄严与悲哀，给人一种神秘、恐怖、庄重和悲伤的感觉。黑色可使高贵中带有一丝的威严气势，也带有些许神秘的性感色彩。封锁光芒的黑色，神秘的同时，起着突出色彩的作用。

黑色演绎出一种高级感和神秘感，它是一种非常正式的颜色，伴随着庄严的厚重感，有着仿佛可以将人吸入到黑暗中去的强烈吸引力。在动画设计中，如果想使主题突出，可以使用黑色作为背景，起到收敛整体效果的作用。同时动画中大量使用黑色一般都是为了突出该段影片的黑暗、恐惧和绝望含义。黑色和特殊的文化背景相融合时，也会显出刚正、坚毅和无私的效果。例如我国独特的水墨画效果就是由此而诞生的。

《凯尔经的秘密》

《山水情》

白色纯洁而高雅，是一种低调的华丽，象征着纯净、安静和孤寂。它是由全部可见光均匀混合而成的，所以称为全色光，象征光明。

白色有很强烈的感召力，它能够表现出如雪般的纯洁和柔和。而黑色有着很强大的感染力，如果能够合理地搭配使用黑色和白色，可以达到比彩色的搭配更生动的效果。在设计中，可以说白色与任何颜色搭配都是非常和谐的。

白色在生活用品和服饰用色上，是永远流行的主要色，它可以和任何颜色进行搭配。在商业设计中，白色具有高级、科技的意象，通常需要和其他色彩搭配使用，纯白色会带给别人寒冷、严峻的感觉，所以在使用白色时，都会掺一些其他的色彩，如象牙白、米白、乳白和苹果白等。

《小破孩》　　　　　　　　　　　　　　《我家有个狐仙大人》

灰色给人以中庸、平凡、温和、谦让、中立和高雅的感觉，有着寂寞和无机质的印象，象征着沉稳而认真的性格。灰色是世界上最神秘的颜色，它没有红色强烈，没有白色纯净，没有金色耀眼，它是色彩中最被动、最有平静感的颜色，它在视觉上很安静，有很强的调和对比作用。

灰色居于白色与黑色之间，具有中等的明度，属于无彩度及低彩度的色彩。它对眼睛的刺激，既不眩目，也不暗淡，属于视觉最不容易感到疲劳的颜色。因此，灰色通常使人感到平淡、乏味，甚至沉闷、寂寞、颓废，具有抑制情绪的作用。

灰色是无彩色，这是前面讲过的，但是无彩色的灰色也是存在色相的，虽然色彩学中将灰色归类为无彩色，但实际上完全没有色调的灰色在自然界中是不多见的。那些感觉上灰色的色彩，其中有很多都是包含了其他色彩因素在里面的。反过来说，不管什么色彩，只要不断降低纯度，就会无限接近灰色。

在东西方的传统色彩名称中，有很多是用来表示灰色的，其中大部分都可以说是含有若干色调的有彩色。通过添加色相，令没有个性的灰色也具备了自己的个性。特别是搭配表现冷暖感觉的暖色系和冷色系时，根据灰色不同的微妙变化，可以令整体效果也千变万化起来。

《萤火虫之墓》　　　　　　　　　　　　《哈尔的移动城堡》

动画片中对于黑色、白色和灰色的使用要相对谨慎。一般只在表现特定内容的时候才会使用。所以要对这三种颜色的性格充分理解并熟悉，以便可以正确使用。

2.4 利用色彩表现立体感

大部分的人使用线条完成草稿绘制后，通常就很顺手地直接使用色彩上色，忽略了"明暗"表现的立体与层次感，导致作品的色彩感觉非常凌乱不协调。所以在对线稿上色前，要先使用灰色表现图形的明暗。

2.4.1 圆形的立体表现

对于球体，通常是通过高光和阴影来表现其立体感。其中光源位置的不同，直接影响到阴影的位置。绘制图形时，可以使用清晰和柔软的阴影表现立体感。清晰阴影的对象给人感觉比较刚毅。柔软阴影则传达出温暖、柔和的感觉。

如果要绘制背光的图形，要注意将主光源和反射光的部分一同绘制，这样才会有对比，使立体效果更加明显。

光源的角度也会影响到背光图形的绘制。光源如果在视图的正前方，首先确认阴影中心的位置，然后需要绘制图形的半

色调部分。半色调是处于高光和阴影中间的部分。同时通过绘制图形的投影，实现强烈的立体效果。

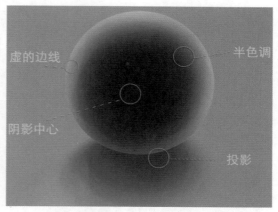

绘制球体时首先将其轮廓绘制出来，然后绘制球体的阴影部分，接下来绘制高光部分，最后绘制投影效果。

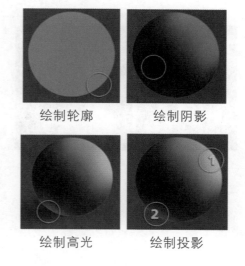

绘制轮廓　　　　绘制阴影

绘制高光　　　　绘制投影

2.4.2 立方体的立体表现

需要注意的是，光线在不同形状对象上的表现也不同。例如立方体上，不同面上阴影的分布是完全不同的。

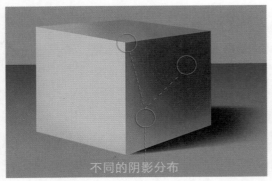

不同的阴影分布

绘制立方体时可以通过在不同面上绘制不同透明度的阴影实现逼真的立体效果。通常柔和的光线创建的是模糊的图形效果，强光却能创建出清晰的阴影效果。

在绘制立方体的投影时通常边缘部分较清晰，柔和的光线创建柔和的投影。而较为明亮的光线则产生清晰的投影边缘。

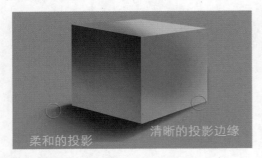

柔和的投影　　　　清晰的投影边缘

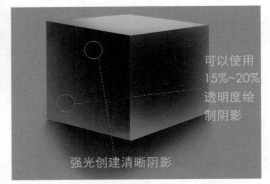

可以使用15%~20%透明度绘制阴影

强光创建清晰阴影

在绘制立体图形时，首先要使用低透明度的颜色进行绘画。实现自然的多层次过渡效果。在只有一个光源的前提下，高光面的旁边是最暗的面。离强光面越远的面，其阴影越柔和。

2.4.3　锥形的立体表现

绘制锥形立体效果时，通常首先绘制锥形的轮廓，然后分别绘制锥形的阴影、高光和投影。

如果绘制逆光效果，注意调整高光和阴影的范围，投影的角度。

2.5　本章小结

本章主要讲解了在动画设计制作中色彩的运用技巧。通过学习，读者要掌握色彩的特点以及动画中色彩的特征和动画中使用色彩的方法。同时通过了解每一种色彩的性格，可以在以后的绘制和制作工作中更好地理解颜色方案。最后对使用颜色实现图形的立体感也进行了介绍，有利于读者对后面图形绘制章节的学习。

第 3 章 动画的透视与构图

制作动画时，通常要在表达某种目的的同时具有一定的美感，并带有强烈的思想感情，这样才能够打动浏览者的心。这就需要对画面的构图和透视有所了解，这样才能创作出符合人们审美的动画作品。本章将针对动画制作中常见的透视与构图进行学习。

3.1 动画场景的构图

绘制动画场景时合理地安排空间，摆放物体的位置，将动画元素巧妙组合，可以增强动画的视觉效果，吸引浏览者的注意力。在实际的绘制工作中有单光源构图、双光源构图和环绕构图三种方式最为常用。

3.1.1 单光源构图

单光源构图又叫一线式构图，是最适合初学者使用的构图方法。这种构图方式有明显的主次关系，画面分为前中后三部分，整个场景中只有一个主光源。

单光源构图较为单调，在采用这种方式时要尽可能寻找突破点，做一些违反透视规则的改变，例如下图中左下角的云朵和左侧建筑的摆放都会使得整个画面层次丰富，视觉新颖。但整个视图的中心依然是近处的大门和远处的建筑，这些才是整个图像构图的重点。

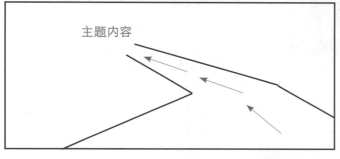

主题内容

本章知识点

- ☑ 动画场景构图的分类

- ☑ 掌握透视的相关术语

- ☑ 了解透视的分类

- ☑ 空气透视的原理和应用

- ☑ 掌握创建好构图的方法

3.1.2 双光源构图

所谓的双光源构图指的是在一个动画场景中同时有两个消失点。一般的动画场景中都会只有一个消失点，这样可以很好地吸引浏览者的注意，突出动画的主题。双光源的使用可以使整个场景层次更加丰富，效果更加多样化。

而且双光源的图像无论取消哪一个消失点，都不会影响背景图像的效果。也就是说将背景图的任何一个光源删除，都可以独立成图。

虽然一幅画中有两个消失点，但还是要有主次之分。上图中重点突出了左侧的消失点，而右侧主要起到了衬托的作用。这样做可以使浏览者无论从哪个角度进入画面，最终都会通过引导回到左侧的消失点位置。

3.1.3 环绕式构图

使用环绕式构图不用考虑消失点的问题，而且图像本身也没有远中近的关系。这种构图方式通常用来表达图像中局部的视觉冲击力。下图中可以看到图像中通过云彩和阶梯以一种环形的方式将浏览者的目光吸引到中间的建筑上。

 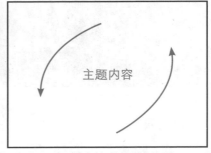

主题内容

图像中无论是阶梯、山坡、大树还是云彩都是为了突出建筑物而摆放的。云彩的角度和颜色都可以很好地将浏览者的目光吸引到屋顶的位置。

环绕式构图方式是一种相对高级的构图方式，而且画面中只能有一个重点，有两个或多个重点的场景整个构图效果会显得凌乱。

无论采用哪种构图方式绘制场景，都需要注意以下几点。

- 场景中摆放的对象要能够衬托出核心内容。
- 场景中的核心内容要突出。
- 整个画面无论从哪个方向浏览，最终都要回到核心内容。

3.2　关于透视术语

要更好地学习透视，需要首先了解一些与透视有关的术语，例如画面、灭点、天点、地点、视平线和视中线等。

3.2.1　画面

透视学中为了解决把一切立体的形象都放在一个平面上来，就在人眼与物体之间假定有一个透明的平面，叫做"画面"。垂直于地面和注视方向的视线，并平行于画者的脸面。

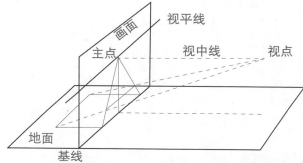

画面虽然看不见，摸不着，但是却非常重要。透视学中所要解决的一切问题都是在这个画面上进行研究的。

3.2.2　视点与视距

视点就是画者眼睛的位置。视距就是画面与画者之间的距离。在绘制时，画者必须与被画对象保持两倍或两倍以上的距离，以物体高或宽的最长者为准，才能保证从一个固定位置看到物体的全部。绘制透视图必须在 60° 视角的范围内，绘制出来的形状才符合透视的感觉，超出这个范围以外就变成不合理的畸形状态了。

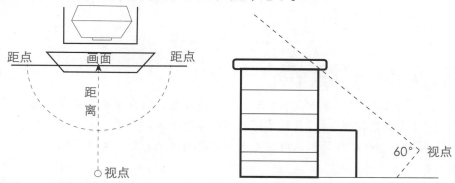

3.2.3　视平线

由主点向左右延伸的水平线称为视平线。同一个画面中只能有一条视平线。视平线随着视点位置高低的不同而呈现以下现象。

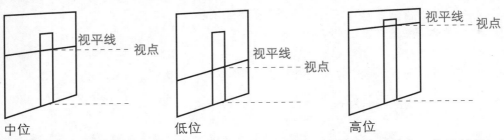

画者的位置与透视有着很大的关系，人的位置越高，看到的范围越广。位置越低，则天空或高大建筑的上部就进入画面多。这是因为画者眼睛的高度就是视平线的高度，人位置的高低变化会改变视平线的位置。

视平线并不会被限制在地面上。如果从高处向下看或从低处向上看，视平线将与眼睛平行或与天空、地面相交。

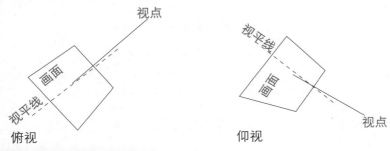

3.2.4 变线、原线和灭线

凡是与画面不平行的直线均称为变线，此种线段必定消失。凡是与画面平行的直线均称为原线，此种线段在视图范围内永不消失。灭线又称为消失线，画面中景物变线与消失点连接的线段称为灭线。

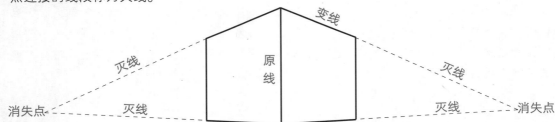

3.2.5 消失点、心点和距点

与画面不平行的线段逐渐向远方伸展，越远越小越靠近，最后消失在一个点，这个点就称为消失点。心点又称为主点，是视点正对于视平线上的一个点，它是平行透视的消失点。距点是在视平线上主点左右两边，两者离主点的距离与画者至心点的距离相等，凡与画成45°角的直线，一定消失于距点。

3.2.6 余点、天点和地点

在视平线上心点两旁与画面形成任意角度（除45°和90°）的水平线段的消失点，称为余点，它也是成角透视的消失点。天点是指近低远高向上倾斜线段的消失点，在视平线上方的直立灭线上。地点是指近高远低向下倾斜线段的消失点，在视平线下面的直立灭线上。

天点　　　　　　　　　　　　　　　　地点

3.3　了解透视

　　人的眼睛观看物体，通过瞳孔反映到眼睛的视网膜上而被感知。距离越近的物体在视网膜上的成像越大，距离越远的物体在视网膜上的成像越小，这种近大远小的视觉现象，被称为透视现象。

　　透视学中常见的有几何透视和空气透视两种。几何透视指的是在屏幕上用线条来标示物体的空间位置、轮廓和明暗投影。按照其消失点数量的不同，分为平行透视、成角透视和斜角透视。空气透视则是研究空间距离对于物体的色彩及明度所起的作用。

3.3.1　平行透视（一点透视）

　　平行透视指的是在画者和描绘对象之间竖立的一块假想的透明平面，与画者的脸平行。这样的角度绘制图像的透视称为平行透视。平行透视只有一个消失点，也被称为一点透视。

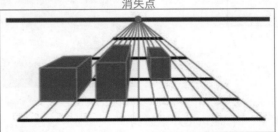

消失点

　　用一点透视法可以很好地表现出场景的远近感。在动画场景绘制时常用来表现笔直的街道。或者用来表现空旷的原野、辽阔的大海等宏大的场景。使用一点透视创建的场景通常可以给人整齐、安稳和庄严的视觉体验。

　　可以将生活中的对象都理解为一个单独的六边形对象。六边形对象在透视图中有时只

能看到一个面，也或许可以看到两面或三面，这都与图形中心点的位置分不开。

中心点在物体的内部时，只能看到物体与画面平行的面，其他面被正面遮盖无法看到。这种透视情况只有平行透视才有。

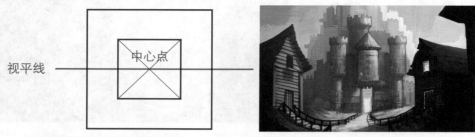

图形的中心点在物体的外侧，则可以看到物体的两个面。

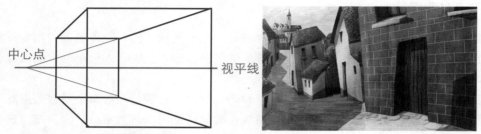

图形的中心点在物体的上角，则可以看到物体的三个面，这个角度的物体外形看得清楚、完全。

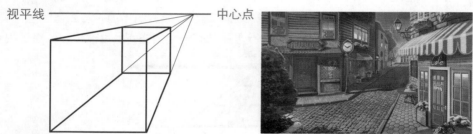

在视平线上的立方体可以看到两个面，离开视平线的立方体可以看到三个面。处在中心点上的立方体只能看到一个面。立方体的侧面，离视中线越近越窄，越远越宽。视平线以下的立方体，近低远高，看不到底面，视平线以上的立方体，近高远低看不见顶面。立方体和圆柱体都是近大远小。

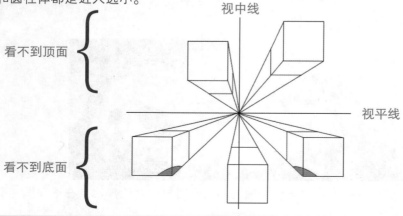

3.3.2　成角透视（两点透视）

　　画面中对象的两个侧面都与画面形成一个角度，这种物体在透视中称为成角透视。在平行透视中，物体与画面成垂直 90°，视觉线条向唯一一个消失点集中；而在成角透视中有两个消失点，物体两个侧面的线条分别向着两个消失点集中。

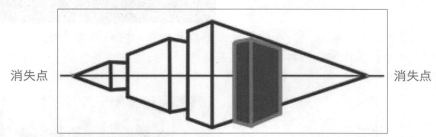

消失点　　　　　　　　　　　　　　　　　　　　　　消失点

　　成角透视所表现的空间和物体，都是与画面有一定角度的立方体。画面上的立方体空间感较强，画面中主要有左右两个方向的消失点，大多数与底面平行的线条都消失于这两个点。使画面产生强烈的不稳定感，同时也具有灵活多变的特性。在实践运用中往往根据需要采用不同的画法，表现娱乐、欢快的场面。

　　成角透视有两个消失点，通常可以看到物体两个以上的面，相应的面与视角形成一定的角度，并且成角透视所有垂直方向的线条都是垂直的，没有变化，垂直的三条线中间的最长，两边的相应缩短。这种透视最符合正常视觉的透视，富有立体感。

　　左侧边与中间边距离大于右侧边与中间边距离或左侧中心点到中间边的距离大于右侧中间点到中间边的距离时，看到物体左侧内容多于右侧。

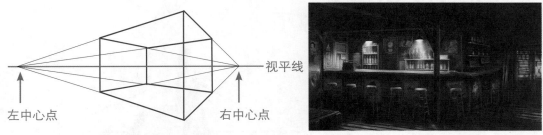

视平线

左中心点　　　　　　　　右中心点

　　右侧边与中间边距离大于左侧边与中间边距离或右侧中心点到中间边的距离大于左侧中间点到中间边的距离时，看到物体右侧内容多于左侧。

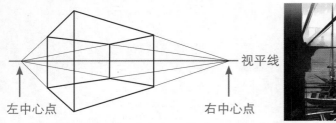

左中心点　　　　　　　　右中心点　　　视平线

　　右侧边与中间边距离与左侧边与中间边距离相等或右侧中心点到中间边的距离等于左侧中间点到中间边的距离时，这种构图方式是最标准的成角透视构图，左右看到的内容和左右边都相同。

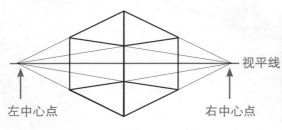

左中心点　　　　　　　　右中心点　　　视平线

　　两点透视就是把立方体绘制到画面上，立方体的四个面相对于画面倾斜成一定角度时，往纵深平行的直线产生了两个消失点。在这种情况下，与上下两个水平面相垂直的平行线也产生了长度的缩小，但是不带有消失点。

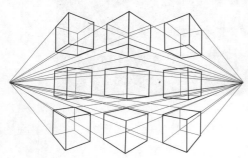
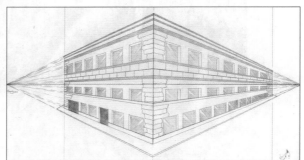

3.3.3　倾斜透视（三点透视）

　　一个平面与水平面成一边低一边高的情况时，例如屋顶、斜坡和洞穴等。这种水平面成倾斜的平面表现的画面叫倾斜透视。倾斜透视有向下倾斜和向上倾斜两种。凡是近高远低的叫向下倾斜，近低远高的叫向上倾斜。向上倾斜的消失点叫做天点。向下倾斜的消失点叫做地点。

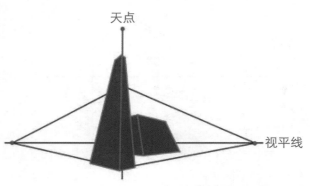

天点

视平线

　　倾斜透视的画面中没有一条边线或面和画面平行，相对于画面，物体是倾斜的。这种构图方式常用来表现仰视或俯视的建筑物，例如高楼大厦和楼梯等。

　　由于斜面物体的底面与画面会呈平行或成角两种透视关系，所以倾斜透视中，同样会有平行倾斜透视和成角倾斜透视两种情况。成角倾斜透视又分为俯视和仰视两种情况。

　　方形物体斜面有一对边与画面平行的透视叫斜面平行透视。向上斜的灭线都消失在天点，向下斜的灭线都消失在地点。天点和地点肯定在其斜面底消点的垂直线上。但是平行于画面的斜线保持原来的状态，角度不变，无天点和地点。

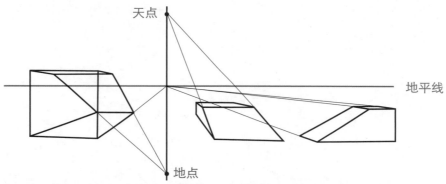

　　方形物体斜面的任何一对边都不与画面平行也不垂直的透视叫斜面成角透视。上斜灭线的天点和下斜灭线的地点肯定在其斜面底消点的垂直线上方和下方。

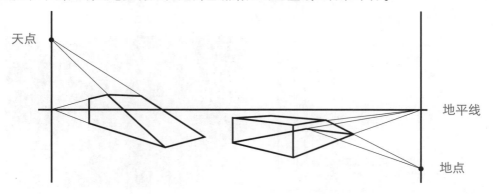

　　倾斜透视的画面，具有强烈的不稳定感，相对于平行透视和成角透视，画面视觉冲击力更强，给观者的震撼力更大。倾斜透视展现了不同于平行透视和成角透视的独特视角，往往是站在空中或者高处向下俯视，或者是站在低处向上仰视。

　　向下俯视时，画面形成纵深线条压缩，纵深感更强的效果，适合表现空间深度大的对象。向上仰视时，画面形成上升感，适合表现高大的物体，较易塑造出对人的心理产生一定影响的画面效果。

3.3.4　曲线透视

　　曲线的种类很多，变化也很大，此处以圆形为例讲解透视。圆形的透视应依据正方形的透视方法来进行，不管在哪一种透视正方形中表现圆形，都应依据平面上的正方形与圆形之间的位置关系来决定。

　　圆形在正方形中与四条边线的中点和十字交叉线的末端相交，并且在正方形两条对角线至 4 个角处相交形成正方形与圆形的关系。不管是怎样的透视圆形，都应该在相应的透视正方形中米字线的相关点上通过才是合理的透视圆形。

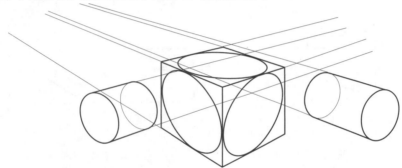

　　正圆形在各种不同位置上所画出来的透视形状，其中最显著的特征就是凡正对着视点的圆形，其形状是正的，位于视点两旁的圆形就有点歪斜，越远则歪斜角度越大。

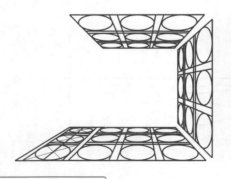

3.4　空气透视

　　空气透视法是透视法的一种，为达·芬奇创造。表现为借助空气对视觉产生的阻隔作用，物体距离越远，形象就描绘得越模糊；或一定距离后物体偏蓝，越远偏色越重。突出特点是产生形的虚实变化、色调的深浅变化、形的繁简变化等艺术效果。

　　由于大气及空气介质（如雨、雪、雾、尘土和水汽等）使人们看到近处的景物比远处的景物浓重、色彩饱满、清晰度高的视觉现象。在实际的日常生活中经常可以看到一些空气透视现象，通常体现在远处的景物看起来虚一些，灰一些。

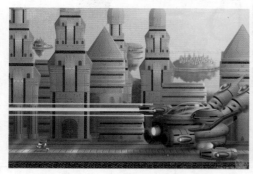

　　空气透视规律指的是近处物体暗而深，远处物体淡而浅。近处物体色彩饱和，趋于暖色，明度高，远处物体色彩饱和度差，趋于冷色。近处明晰，远处模糊。近处明暗反差大，远处明暗反差小。

　　用颜色的鲜明度表现物体的远近：近处物体色彩鲜明，越远的物体越失去原来的颜色。这种色彩现象也可以归到色彩透视法中。晚期哥特式风格的祭坛画，常用这种方法加深画面的真实性。

3.5　如何创建好的构图

　　要想创建好的构图效果，首先要选择场景中适当的角色元素，可以更准确地突显画面布局。同时使画面中的所有元素指向情绪状态的角色。而且除非用户故意想要将动画背景变成平面的，否则整个布局应该被拆分为深度和空间的感觉。

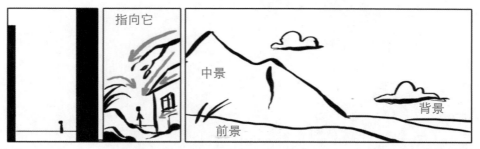

　　在构图设定时，通常通过平坦的元素表现背景效果。但是这样的背景效果一般感觉非常平淡，且没有深度。通过为画面添加大树、道路或小径为画面增加景深感，使整个构图呈现合理的前景、中景和背景分布。

要想改变弱的构图方式，通常是利用现有元素或新增元素将整个画面区分为前景、中景和背景。下图中首先通过添加一个小路作为画面的前景元素，树木则成为画面中的中景元素。最后再为画面添加山脉，作为画面的背景。此时整个画面的构图就趋于合理了。

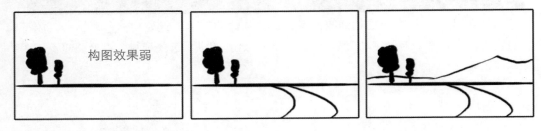

3.6 本章小结

本章主要讲解了关于透视和构图的知识点。了解透视的不同分类和作用有利于制作出更符合美学艺术的动画效果。在动画绘制与制作过程中，使用自由且丰富的构图方式可以使动画作品更具有感染力。本章是 Flash 动画绘制和制作的基础，将潜移默化地影响最终的动画效果。

第 4 章 Flash 绘制基础

在使用 Flash 绘制之前，需要对 Flash 的基本操作有所掌握，只有掌握了 Flash 的基本操作，才可以自如地在实际中应用。本章将带领读者对 Flash 的工作界面对象和文档的基本操作进行详细学习。

4.1 Flash 的工作界面

在新版本的 Flash 工作界面中，用户可以更加快捷地切换文档，更加方便地使用工具，图像处理区域也更加开阔，为用户创造了更好的工作环境。

菜单栏

编辑栏

工具箱

时间轴

工作区切换器

面板

舞台

4.1.1　工具箱

在 Flash 中进行设计，工具箱是最常用的，其包含了用于创建和编辑图形的各种工具，因此熟悉各个工具的使用方法和技巧是 Flash 中学习的重点。

在 Flash 中工具箱一共分为 6 组，分别是"选择变换工具"、"绘制工具"、"绘制调整工具"、"视图工具"、"颜色工具"和"工具选项区"。

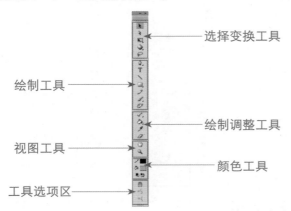

绘制工具

视图工具

工具选项区

选择变换工具

绘制调整工具

颜色工具

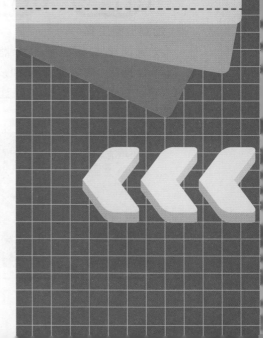

本章知识点

☑ 了解 Flash 的工作界面

☑ 掌握 Flash 中工具的使用

☑ 掌握 Flash 文档的基本操作

☑ 掌握对象的基本操作

☑ 熟练掌握"时间轴"面板

选择变换工具

选择变换工具组中包含了选择工具、部分选取工具、任意变形工具、3D 工具组和套索工具，其中 3D 工具组包括 3D 旋转工具和 3D 平移工具，它们可以用来选择和变换舞台中的元素。

绘制工具

绘制工具组包括钢笔工具组、文本工具、线条工具、矩形工具组、铅笔工具、刷子工具组和 Deco 工具，它们可以用来绘制不同的图形。

绘制调整工具

绘制调整工具组包括骨骼工具组、颜料桶工具组、滴管工具和橡皮擦工具，它们可以对绘制的图形和创建的元件进行调整。

视图工具

视图工具包括手形工具和缩放工具，分别用于调整视图区域和放大或缩小舞台大小。

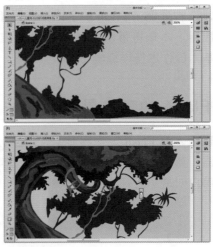

颜色工具

颜色工具包括笔触颜色和填充颜色，用于设置图形的笔触颜色和填充颜色。

工具选项区

工具选项区是动态区域，它会随着所选工具的不同而变化。

> 提 示
>
> 　　在工具箱中，右下角带有黑色箭头的按钮表示其为一个工具组，单击鼠标右键或者长按该按钮，即可显示工具组中的工具。

4.1.2　面板

　　Flash 中包含了 20 多个面板，在面板中可以设置所选工具的参数，常用的面板主要有属性面板、时间轴面板和颜色面板等，在默认情况下，面板显示在窗口的右侧，用户可以根据需要打开、关闭或自由组合面板。

● 选择面板

　　一般情况下，为了节省操作空间，需要将多个面板组合，被称为面板组，在面板组中单击任一个面板的名称即可将该面板设置为当前面板。

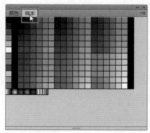

● 折叠／展开面板

　　单击面板组右上角的双三角按钮　，即可将面板折叠或展开。

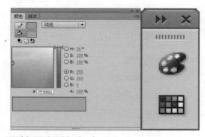

● 调整面板的大小

　　当面板右下角出现图标　，拖动该图标，即可调整面板的大小。

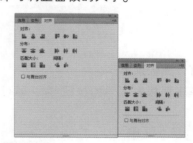

● 移动面板

　　将鼠标放置在面板名称上，单击并拖动，即可将其从面板组中分离出来，成为浮动面板，可以将其放置在任意位置。

● 组合面板

　　将鼠标放置在一个面板的名称上，单击并拖动到另一个面板的名称上，当出现蓝色横条时松开鼠标，即可将其与目标面板组合。

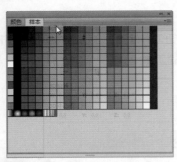

● 链接面板

将鼠标放置在面板的名称上，按住鼠标左键，将其拖至另一个面板的下方，当两个面板的连接处显示为蓝色横条时松开鼠标，即可将两个面板链接。

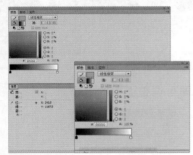

● 打开面板菜单

单击面板右上角的按钮 ▼≡，即可打开

面板菜单。

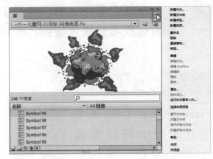

● 关闭面板

在面板的名称上单击鼠标右键，在弹出的快捷菜单中选择"关闭"命令，即可关闭该面板，选择"关闭组"命令，即可关闭该面板组。对于浮动面板，单击面板右上角的关闭按钮 ✕，即可关闭面板。

4.1.3　菜单

菜单栏是 Flash 提供的命令集合，在 Flash 中一共包含了 11 个主菜单，几乎所有的命令按照类别放置在主菜单中，它们是 Flash 中重要的组成部分。

| Fl | 文件(F) 编辑(E) 视图(V) 插入(I) 修改(M) 文本(T) 命令(C) 控制(O) 调试(D) 窗口(W) 帮助(H) |

● 使用菜单

单击菜单名称即可打开该菜单，在菜单中使用分割线区分不同功能的命令，右侧带有黑色三角形的菜单表示包含子菜单。

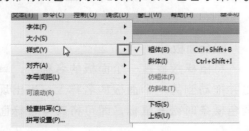

● 执行菜单中的命令

选择菜单中的一个命令即可执行该命令。

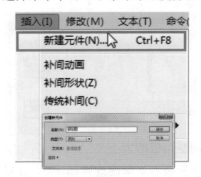

● 快捷键执行命令

如果命令后面带有快捷键，则按其对应的快捷键即可快速执行该命令，有些命令后面只提供了字母，可以先按住 Alt 键，再按主菜单中的字母键，打开该菜单，再按命令后面的字母即可。

● 使用右键快捷菜单

在文档窗口的空白处或任何一个对象上单击鼠标右键，即可弹出快捷菜单，在弹出的快捷菜单中即可根据需要选择不同的命令。

 提示　　菜单中的很多命令只有在特定的情况下才可以使用，如果某一个菜单命令显示为灰色，代表该命令在当前状态下不可以使用。

➡ 实例 01+ 视频：自定义工具快捷键

在 Flash 中允许用户自定义快捷键，在"快捷键"对话框中可以添加、删除和编辑键盘快捷键。

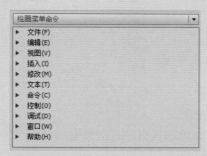

🏠 源文件：无

📶 操作视频：视频 \ 第 4 章 \4-1-3. swf

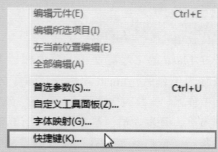

01 ▶ 执行"文件＞新建"命令，在对话框中单击"确定"按钮，新建一个默认大小的空白文档。

02 ▶ 执行"编辑＞快捷键"命令，弹出"快捷键"对话框。

03 ▶ 在弹出的"快捷键"对话框中选择"绘图菜单命令"选项，打开"视图"菜单。

04 ▶ 选择"缩小"菜单，"快捷键"文本框中显示如图所示。

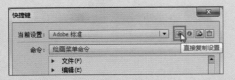

05 ▶ 单击"直接复制设置"按钮，弹出"直接复制"对话框。

06 ▶ 在弹出的"直接复制"对话框中命名"副本名称"为"自定义"。

07 ▶ 在"按键"文本框中单击，按键盘上的快捷键 Ctrl+. ，单击"更改"按钮。

08 ▶ 单击"确定"按钮，完成自定义快捷键的操作。

提问：如何确认快捷键是否已经被分配？

答：用户在定义快捷键的过程中，如果快捷键已经被分配给其他命令，系统将在"按键"文本框的下方提示该快捷键已分配给某一命令。

4.1.4 设置工作区

在 Flash 的工作界面中，菜单栏、工具箱和面板等的排列方式称为工作区，Flash 为用户提供了方便的适合各种设计人员的工作区，一共有 7 种预设工作区，分别是动画、传统、调试、设计人员、开发人员、基本功能和小屏幕。

执行"窗口 > 工作区"命令或者单击基本功能按钮，均可对预设工作区进行选择。

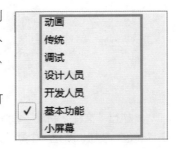

> 一般情况下，用户打开 Flash 的工作界面，默认的工作区为"基本功能"工作区，此工作区为常用工作区。

实例 02+ 视频：创建自定义工作区

在 Flash 中，用户可以执行"窗口 > 工作区 > 新建工作区"命令，根据个人习惯和爱好自定义工作区。

⌂ 源文件：无

🔊 操作视频：视频 \ 第 4 章 \4-1-4. swf

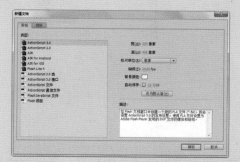

01 ▶ 执行"文件 > 新建"命令，单击"确定"按钮，新建一个默认大小的空白文档。

02 ▶ 对工作区的布局进行调整，执行"窗口 > 工作区 > 新建工作区"命令。

03 ▶ 在弹出的"新建工作区"对话框中设置"名称"为"我的工作区"。

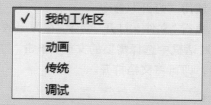

04 ▶ 单击"确定"按钮，即完成工作区的创建。

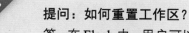

提问：如何重置工作区？

答：在 Flash 中，用户可以通过执行"窗口 > 工作区 > 重置工作区"命令，完成工作区的重置。

4.2 文档的基本操作

在开始对 Flash 各项功能的学习之前，首先需要了解和掌握 Flash 文档的基本操作，其中包括文件的新建、文件的打开、文件的导入和文件的保存。

4.2.1 新建文档

Flash 为用户提供了多种新建文档的方法，不但可以创建空白文档，还可以基于模板创建文档。

● **新建文档**

执行"文件 > 新建"命令，在默认情况下，"新建文档"对话框显示为"常规"界面，选择某一文档类型，"描述"文本框显示该类型文档的说明。

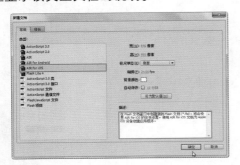

● **新建模板文档**

执行"文件 > 新建"命令，在弹出的"新建文档"对话框中单击"模板"选项卡，切换到"模板"界面，用户可以基于不同的模板创建不同的文档。

4.2.2 打开文档

同样 Flash 为用户提供了多种打开文档的方法，不但可以使用命令打开，还可以使用快捷键打开。

● **使用"打开"命令**

执行"文件 > 打开"命令，在弹出的"打开"对话框中选择需要的文档，单击"打开"按钮，即可将文档打开。

● **使用"在 Bridge 中浏览"命令**

执行"文件 > 在 Bridge 中浏览"命令，在弹出的窗口中双击需要打开的文档，即可将文档打开。

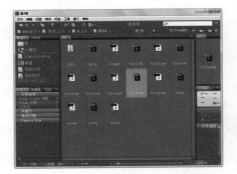

● **使用"打开最近的文件"命令**

　　执行"文件 > 打开最近的文件"命令，在其子菜单中显示最近打开的文件，用户根据需要选择打开文件，也可以在"欢迎"界面中的"打开最近的项目"下进行选择。

● **使用快捷键打开**

　　用户除了可以使用以上的菜单命令外，还可以按快捷键快速打开文档。

　　　在 Flash 中打开最近使用的文件时，默认情况下，只显示最近使用的 10 个文件。

4.2.3　导入素材

　　在 Flash 中，不仅可以使用自带的工具绘制图形，还可以将外部素材导入到 Flash 中辅助制作动画。

● **导入到舞台**

　　在 Flash 中，不仅可以导入外部图像，还可以导入外部音频文件。

● **打开外部库**

　　在 Flash 中，可以将其他文档中的资源打开，根据需要，选择拖入素材。

● **导入到库**

　　执行"文件 > 导入 > 导入到库"命令，可以将素材导入到"库"面板中，素材不会出现在舞台中。

● **导入视频**

　　在 Flash 中，执行"文件 > 导入 > 导入视频"命令，可以导入视频。

➡ 实例 03+ 视频：在 Flash 中导入视频

在 Flash 中，可以导入多媒体视频文件，丰富动画形式，本实例将针对如何导入渐进式下载视频进行讲解。

🏠 源文件：源文件 \ 第 4 章 \4-2-3. fla

📶 操作视频：视频 \ 第 4 章 \4-2-3. swf

01 ▶ 执行"文件 > 新建"命令，在弹出的"新建文档"对话框中进行设置。

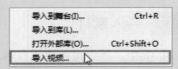

02 ▶ 单击"确定"按钮，执行"文件 > 导入 > 导入视频"命令。

03 ▶ 在弹出的"导入视频"对话框中单击"浏览"按钮，在弹出的"打开"对话框中选择"素材 \ 第 4 章 \42301.flv"。

04 ▶ 单击"打开"按钮，保持默认选择"使用播放组件加载外部视频"，单击"下一步"按钮。

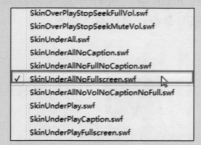

05 ▶ 在"外观"下拉列表中选择 SkinUnder AllNoFullscreen.swf 预定义外观。

06 ▶ 单击"下一步"按钮，弹出完成导入视频窗口。

07 ▶单击"完成"按钮，完成视频的导入，舞台显示如图所示。

08 ▶将文件保存，按快捷键 Ctrl+Enter，测试动画。

 提问：导入 Flash 中的视频格式有哪些？

答：导入 Flash 中的视频格式必须是 FLV 或 F4V，如果视频格式不是 FLV 和 F4V，可以使用 Adobe Flash Video Encoder 将其转换为需要的格式。

4.2.4　保存文档

新建文档或对文档进行处理后，需要及时保存处理的结果，在 Flash 中可以将文档保存为不同的类型作为不同用途的文件，既可以将文档保存为系统默认的源文件格式，也可以将文档保存为模板文件，以便多次运用。

● **使用"保存"命令**

如果保存正在编辑的文件，执行"文件 > 保存"命令，或者按快捷键 Ctrl+S，文档按照原有的格式存储，如果是新建的文件，则会自动弹出"另存为"对话框。

● **使用"另存为"命令**

如果要将文档保存为新的名称和其他格式，或者存储到其他位置，可以执行"文件 > 另存为"命令，或者按快捷键 Shift+Ctrl+S，则会弹出"另存为"对话框。

● **使用"另存为模板"命令**

如果需要将文档保存为模板，可以执行"文件 > 另存为模板"命令，在弹出的"另存为模板警告"对话框中，单击"另存为模板"按钮，在弹出的"另存为模板"对话框中进行设置，创建模板，方便以后基于此模板创建新文档。

4.3 对象的基本操作

在使用 Flash 绘制对象时，通常需要对对象进行选择、移动和变换等操作，本节将针对对象的基本操作方法和技巧进行详细讲解。

4.3.1 选择对象

在 Flash 中可以使用"选择工具"、"部分选取工具"和"套索工具"选择对象，在对对象进行选择时，Flash 会加亮显示被选择的对象。

● **使用"选择工具"选择对象**

使用"选择工具"可以选择某个对象，也可以单击并拖动鼠标将包含在矩形选取框中的对象全部选中。

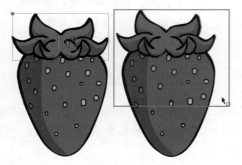

● **使用"套索工具"选择对象**

使用"套索工具"可以自由选择不规则的区域，单击并拖动鼠标即可创建选择路径，从而选择对象。

● **使用"部分选取工具"选择对象**

使用"部分选取工具"单击并拖动鼠标可以将包含在矩形选取框中的对象全部选中，但其多用于选择图像对象的锚点。

4.3.2 移动对象

在 Flash 中完成对象的绘制后，常常需要对其进行移动、复制等操作，这些基本操作可以帮助用户定位图形对象和方便动画的制作。

● **通过拖动移动对象**

使用"选择工具"选择一个或多个对象，单击并拖动鼠标即可移动所选对象的位置。

按不同的方向键可以使所选对象按不同的方向移动 1 像素。按住 Shift 键再按方向键，可以使对象移动 10 像素。

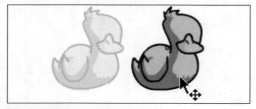

● **使用方向键移动对象**

使用"选择工具"选择一个或多个对象，

● 使用"属性"面板移动对象

　　在"属性"面板中的"位置和大小"选项下更改 X 和 Y 坐标，即可移动图形对象。X 和 Y 坐标是以舞台（0,0）坐标为基准。

● 使用"信息"面板移动对象

　　执行"窗口>信息"命令，在打开的"信息"面板中可以通过更改 X 和 Y 的数值来调整对象的位置。

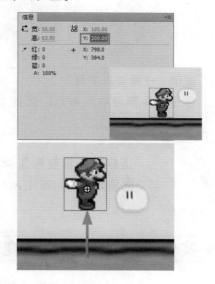

提示　　在使用"选择工具"移动对象的过程中，按住 Shift 键拖动，可以使对象以 45°的倍数方向移动，按住 Alt 键拖动，可以移动并复制对象。

4.3.3　变换对象

　　在 Flash 中，可以使用"变形"面板、"变形"命令和"任意变形工具"对图形对象、组、文本和实例进行变形、旋转、倾斜、缩放和扭曲等操作。

● 使用"变形"面板

　　执行"窗口>变形"命令，打开"变形"面板，输入精确的参数值，可以对对象进行精确缩放、旋转和倾斜等操作。

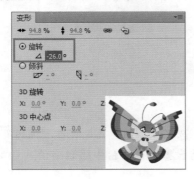

● 使用"变形"命令

　　选择舞台中的对象，执行"修改>变形"命令，在其子菜单中可以选择不同的命令进行变换操作。

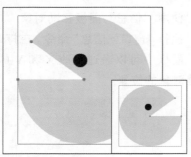

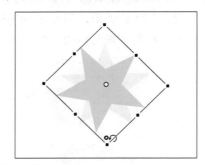

中的"任意变形工具",对象周围出现变形框,可以进行各种变换操作。

● 使用"任意变形工具"

单击选择舞台中的对象,选择工具箱

选择"任意变形工具"变换对象时,按住Shift键,可以使对象以45°的倍数旋转,按住Alt键,可以使对象围绕中心点进行旋转。

➡ 实例 04+ 视频:重置变形对象

在 Flash 中,用户可以使用"变形"面板中的"重置选区和变形"快速绘制图形,本实例将对"变形"面板的使用方法和技巧进行讲解。

⌂ 源文件:源文件 \ 第 4 章 \4-3-3.fla

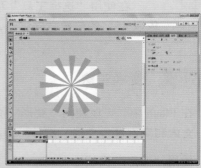

📶 操作视频:视频 \ 第 4 章 \4-3-3.swf

01 ▶ 执行"文件>新建"命令,单击"确定"按钮,新建一个默认大小的空白文档。

02 ▶ 选择"钢笔工具",在"属性"面板中进行设置,在舞台中绘制路径。

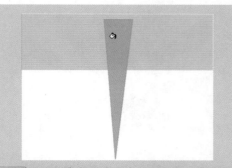

03 ▶ 设置"填充颜色"为 #2FEEEE，使用"颜料桶工具"进行填充。

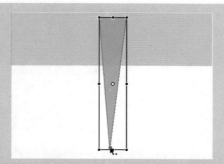

04 ▶ 使用"任意变形工具"，调整图形的中心点位置。

对齐(G)	Ctrl+K
颜色(Z)	Alt+Shift+F9
信息(I)	Ctrl+I
样本(W)	Ctrl+F9
✓ 变形(T)	Ctrl+T
组件(X)	Ctrl+F7
组件检查器(Q)	Shift+F7
其他面板(R)	▶

05 ▶ 执行"窗口 > 变形"命令，打开"变形"面板。

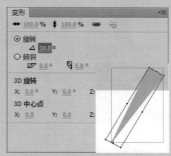

06 ▶ 在"变形"面板中的"旋转"选项下输入精确值，效果如图所示。

07 ▶ 单击"变形"面板中的"重置选区和变形"按钮，效果如图所示。

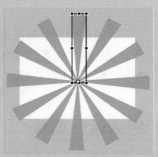

08 ▶ 多次单击"重置选区和变形"按钮，效果如图所示。

导入到舞台(I)...	Ctrl+R
导入到库(L)...	
打开外部库(O)...	Ctrl+Shift+O
导入视频...	

09 ▶ 执行"文件 > 导入 > 打开外部库"命令，弹出"作为库打开"对话框。

10 ▶ 在弹出的对话框中选择"素材 \ 第 4 章 \43301.fla"。

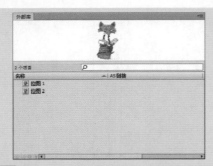

11 ▶ 单击"打开"按钮,弹出"外部库"对话框。

12 ▶ 在"外部库"中单击并拖动"位图 1"到舞台。

13 ▶ 使用相同的方法,完成其他相似部分的制作。

14 ▶ 将文件保存,按快捷键 Ctrl+Enter,测试动画。

提问:如何还原变换对象?

答:在"变形"面板中对对象进行缩放、旋转和倾斜等操作的过程中,单击"取消变形"按钮,即可将对象恢复到原始状态。

4.4 "时间轴"面板

"时间轴"面板是 Flash 中使用最频繁的面板之一,可以组织图层和放置帧。

4.4.1 图层和图层组

在 Flash 动画的制作过程中,图层和图层组起着极其重要的作用。它就像一叠透明纸一样,透过上方图层的透明区域可以看到下面的图层。每个图层都是相互独立的,拥有自己的时间轴,用户可以在一个图层上任意修改,而不会影响其他图层。

● 图层

在"时间轴"面板中单击"新建图层"按钮,即可创建图层,单击"删除"按钮,即可删除图层,单击鼠标右键,还可以根据需要创建不同类型的图层。

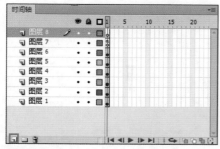

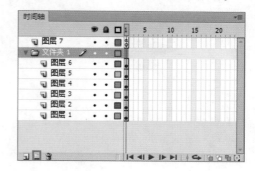

可以将相关的图层放置在同一个文件夹中，既方便管理，又不对原图层产生影响。

● 图层组

在"时间轴"面板中单击"新建文件夹"按钮，即可创建图层组，使用图层组

4.4.2　帧、关键帧和空白关键帧

每一个 Flash 动画都是由帧构成的，因此只有了解了帧、关键帧和空白关键帧，才可以更好地了解 Flash 动画的制作过程。

● 帧

帧是动画制作中的最小单位，主要用来延长帧所在图层中元素的显示时间，通过增加或减少帧的数量，还可以控制动画的播放速度。

● 关键帧

关键帧用来定义对象属性的更改，控制文档的 ActionScript 代码，其在"时间轴"中以黑色实心的圆点显示。关键帧不用画出每一个帧中的内容，就可以自动生成动画。

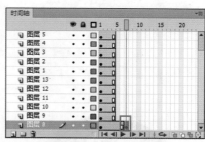

● 空白关键帧

空白关键帧是没有包含内容的关键帧，在空白关键帧上添加内容，即可将其转换为关键帧。

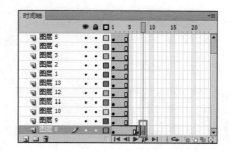

➡ 实例 05+ 视频：制作补间形状动画

在 Flash 中，帧、关键帧和空白关键帧是最基本的组成部分，本实例将通过帧、关键帧和空白关键帧制作简单的补间形状动画，通过本实例的学习，基本掌握帧、关键帧和空白关键帧在 Flash 动画中的使用方法和技巧。

⌂ 源文件：源文件 \ 第 4 章 \4-4-2.fla

🔊 操作视频：视频 \ 第 4 章 \4-4-2.swf

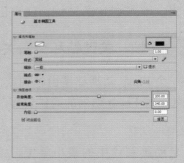

`01` ▶执行"文件 > 新建"命令，单击"确定"按钮，新建一个默认大小的空白文档。

`02` ▶选择"基本椭圆工具"，在"属性"面板中进行设置。

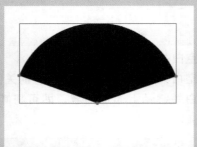

`03` ▶按住 Shift 键，单击并拖动鼠标绘制形状，效果如图所示。

`04` ▶将播放头放置在第 30 帧位置，按 F5 键插入帧，使动画内容显示到第 30 帧位置。

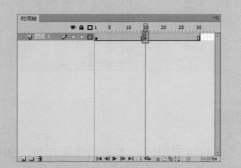

`05` ▶将播放头放置在第 15 帧位置，按 F6 键插入关键帧，其以黑色实心圆点显示。

`06` ▶选择第 15 帧位置上的形状，在"属性"面板中进行设置。

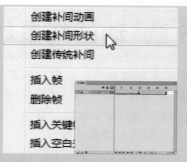

07 ▶ 在第 1 帧位置单击鼠标右键，在弹出的快捷菜单中选择"创建补间形状"命令。

08 ▶ 在第 16 帧位置按 F7 键插入空白关键帧，以便插入新的形状。

09 ▶ 选择"多角星形工具"，在"属性"面板中单击"选项"按钮进行设置。

10 ▶ 按住 Shift 键，在舞台中单击并拖动鼠标绘制星形。

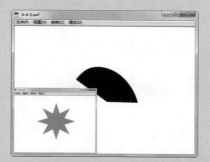

11 ▶ 按快捷键 Ctrl+Shift+S，将文件保存为"源文件 \ 第 4 章 \4-4-2.fla"。

12 ▶ 完成该实例的制作，并按快捷键 Ctrl+Enter，测试动画。

提问："基本椭圆工具"和"椭圆工具"的区别是什么？

答：使用"基本椭圆工具"绘制椭圆和使用"椭圆工具"绘制椭圆的不同之处在于，其会将形状绘制为独立的对象，即图元对象。

4.5 本章小结

本章主要学习了 Flash 的一些基本操作和绘制的基础知识。通过学习，读者可以掌握 Flash 的工作界面、文档的基本操作、对象的基本操作和"时间轴"面板，为以后的动画制作打下坚实的基础。

第 5 章 动画场景绘制

Flash 中的对象包含元件、位图和文本等，针对不同的对象，操作方法也有一些不同。本章将对这些操作方法进行讲解，这些都是 Flash 中基础的操作，通过本章的学习可以掌握场景绘制的方法和技巧。

5.1 选择调整对象

使用 Flash 制作动画的时候，需要对图形进行编辑，编辑前要选择图形。下面详细讲解"选择工具"的用法。

5.1.1 使用"选择工具"移动图形对象

单击"选择工具"按钮，选中要移动的对象，按下鼠标左键进行拖曳，即可移动图形，如果同时按住 Shift 键，可垂直或水平移动图形。

5.1.2 使用"选择工具"选择图形对象

在 Flash 中绘制图形图像后，可以使用"选择工具"对 Flash 场景中的对象进行选择操作。

● **选择对象**

使用选择工具在需要选择的对象上单击，即可将该对象选中。

● **选择笔触**

在对象"笔触"上单击，可选中当前"笔触"。在对象"笔触"上双击，即可选中所有"笔触"。

单击选择"笔触"

双击选中所有"笔触"

● **选择笔触填充**

在对象填充上双击可同时选中"笔触"和"填充"。

● **选择范围**

使用选择工具可以框选所需要的图形范围。

按住 Shift 键框选可以增加选区范围。

本章知识点

- ☑ 掌握"选择工具"
- ☑ 掌握"部分选取工具"
- ☑ 掌握"任意变形工具"
- ☑ 熟练掌握"刷子工具"
- ☑ 了解"颜色"面板

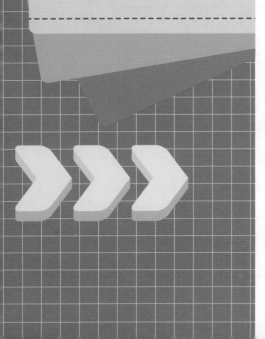

⟹ 实例 06+ 视频：制作场景图形 1

　　本实例主要运用"选择工具"和"椭圆工具"绘制了一个简单的太阳图形，通过本例的制作，读者可以掌握"选择工具"和"椭圆工具"的基本用法和技巧。

⌂ 源文件：源文件 \ 第 5 章 \5-1-2. fla

🔊 操作视频：视频 \ 第 5 章 \5-1-2. swf

01 ▶执行"文件>新建"命令，在弹出的"新建文档"对话框中设置参数，单击"确定"按钮。

02 ▶单击工具箱中的"多角星形工具" ◎ 按钮，执行"窗口>属性"命令，进行参数设置。

03 ▶在"属性"面板中单击"工具设置"选项卡下的"选项"按钮，在弹出的对话框中进行设置。

04 ▶在工具箱中设置"填充颜色"为 #FFCB3E，"笔触"为无，完成后在画布中绘制星形。

05 ▶单击工具箱中"椭圆工具" ◎ 按钮，绘制一个填充为黑色的正圆。

06 ▶单击工具箱中的"选择工具" ▶ 按钮，将黑色正圆选中，按 Delete 键删除所绘正圆。

07 ▶ 在工具箱中单击"椭圆工具" 🔘 按钮，绘制一个填充颜色为 #FFCB3E 的正圆。

08 ▶ 使用"椭圆工具"绘制"填充颜色"为黑色的正圆。

09 ▶ 单击工具箱中的"选择工具" 🖈 按钮，将正圆选中，按 Delete 键将其删除。

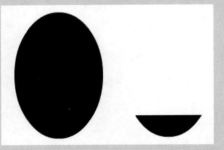

10 ▶ 使用"椭圆工具"绘制"填充颜色"为黑色的椭圆，使用"选择工具"选中其上方，按 Detele 键将其删除，得到所需形状。

11 ▶ 将上步得到的形状拖到适当位置，并按 Delete 键删除，得到图形效果。

12 ▶ 完成动画制作，按快捷键 Ctrl+Enter，测试绘制效果。

提问：如何在绘图时让不同填充颜色的图形独立而不自动合并？

答：通常情况下，Flash 默认的绘图模式是"合并绘制"，为了让各个图形独立而不互相影响，可以使用工具箱下方的"对象绘制"模式，方便进行动画场景的创作。

5.1.3 使用"部分选取工具"调整图形对象

在用 Flash 制作动画的时候，当画出的形状不符合预期要求时，就要对图形进行编辑调整，使其形状符合作图要求，此时就需要用"部分选取工具"对图像进行调整，用鼠标在图形边缘单击，拖曳锚点，便可以对图形进行调整。

● 选择锚点

　　单击工具箱中"部分选取工具"  按钮，可以选择图形的锚点。

● 选择多个锚点

　　按住 Shift 键的同时，可以选择图形上的多个锚点。

● 删除锚点

　　选择图形上的锚点，按键盘上的 Delete 键，可删除选中的锚点。

● 拖曳锚点

　　选中锚点，并拖动鼠标可以改变图形的形状。

实例 07+ 视频：制作场景图形 2

　　本实例主要运用"部分选取工具"和"矩形工具"绘制了一个简单的青蛙图形，通过本实例的制作，读者可以掌握"部分选取工具"和"矩形工具"的基本用法和技巧。

🏠 源文件：源文件 \ 第 5 章 \5-1-3. fla

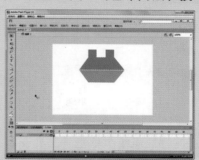

🔊 操作视频：视频 \ 第 5 章 \5-1-3. swf

01 ▶ 执行"文件 > 新建"命令，在弹出的"新建文档"对话框中进行参数设置，单击"确定"按钮。

02 ▶ 单击工具箱中的"矩形工具" 按钮，设置"填充颜色"为 #02B542，"笔触颜色"为"无"，绘制矩形。

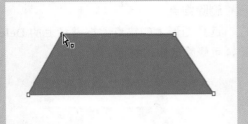

03 ▶ 单击工具箱中的"部分选取工具" 🔧 按钮，拖动调整矩形上面的两个锚点，调整图形为梯形。

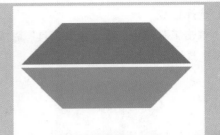

04 ▶ 按下 Alt 键使用"选择工具"拖动复制图形，修改"填充颜色"为 #3EC1C7。执行"修改 > 变形 > 垂直翻转"命令。

05 ▶ 单击工具箱中的"矩形工具" ▢ 按钮，绘制两个"填充颜色"为 #02B542 的矩形。

06 ▶ 单击工具箱中的"矩形工具" ▢ 按钮，绘制"填充颜色"为 #3EC1C7 的矩形。

07 ▶ 在"属性"面板中单击"工具设置"选项卡下的"选项"按钮，在弹出的对话框中进行设置。

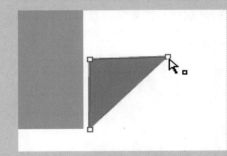

08 ▶ 绘制"填充颜色"为 #02B542 的三角形，并使用"部分选取工具"调整锚点。

09 ▶ 复制上步所绘三角形，执行"修改 > 变形 > 水平翻转"命令，将其调整到适当的位置。

10 ▶ 使用相同方法绘制下面的两个三角形，效果如图所示。

11 ▶ 在工具箱中单击"椭圆工具" ▣ 按钮，绘制四个填充颜色为 #02B542 的椭圆。

12 ▶ 完成动画制作，按快捷键 Ctrl+Enter，测试绘制效果。

提问：如何选中锚点移动整个图形对象？

答：通常情况下，单击"部分选取工具"按钮后，在图形上单击，产生锚点后，鼠标右下角出现一个白色的小方块，此时可以调整该锚点，当鼠标右下角变为黑色的小方块时，可以对整个图形进行移动。

5.1.4　使用"选择工具"调整图形对象

在 Flash 动画的制作过程中，使用"选择工具"不仅可以选择图形对象，还可以对图形对象进行调整，从而改变线条或形状的轮廓。

将鼠标移至线条的端点上方时，光标变为 ▸ 图标，单击并拖动鼠标，可调整端点的位置，并且线条将延长或缩短。

将鼠标移至线条的上方时，光标变为 ▸ 图标，单击并拖动鼠标，可将直线转换为曲线，并调整线条的形状，按住 Ctrl 键或者按住 Alt 键，单击并拖动鼠标，可以增加一个转角点。

实例 08+ 视频：制作场景图形 3

本实例主要运用"矩形工具"和"选择工具"绘制了一个简单的房子，通过本实例的制作，读者可以掌握"选择工具"调整图形对象的方法和技巧。

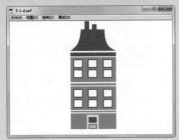

源文件：源文件 \ 第 5 章 \5-1-4. fla

操作视频：视频 \ 第 5 章 \5-1-4. swf

01 ▶ 执行"文件 > 新建"命令，在弹出的"新建文档"对话框中进行设置，单击"确定"按钮。

02 ▶ 单击工具箱中的"矩形工具" 按钮，设置"填充颜色"为 #65C52E，"笔触颜色"为"无"，绘制矩形。

03 ▶ 使用"选择工具"在舞台中单击并拖动创建一个矩形选区，按 Delete 键将其删除。

04 ▶ 使用相同的方法，完成相似内容的制作，效果如图所示。

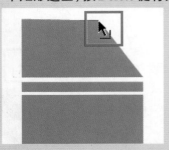

05 ▶ 选择"选择工具"，当光标变为 时，单击并拖动鼠标调整图形。

06 ▶ 使用相同的方法，完成图形左侧的调整，效果如图所示。

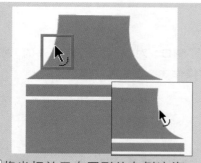

07 ▶ 将光标放置在图形的左侧边缘，当光标变为 时，单击并拖动鼠标调整图形。使用相同的方法，完成图形右侧边缘的调整。

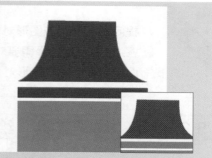

08 ▶ 单击选择调整后的图形，更改其"填充颜色"为#0F8225。使用相同的方法，完成其他相似内容的制作。

09 ▶ 选择"选择工具"，按住 Ctrl 键，单击并拖动鼠标绘制出房子的烟囱效果。

10 ▶ 新建"图层 2"，设置"笔触颜色"为#217021，"填充颜色"为白色，绘制矩形。

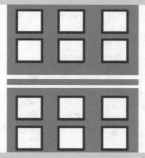

11 ▶ 使用相同方法，完成其他相似内容的绘制，得到房子的窗户效果。

12 ▶ 设置"笔触颜色"为#9AD980，"填充颜色"为#E7FEF6，绘制矩形并删除下方线条。

13 ▶ 使用相同的方法，完成房子剩余部分的绘制。

14 ▶ 完成实例的绘制，保存文件，按快捷键 Ctrl+Enter，测试绘制效果。

提问：如何对齐图形对象？

答：在舞台中选择需要对齐的对象，执行"窗口＞对齐"命令，在打开的"对齐"面板中即可完成图形对象的对齐和分布操作。

5.2 使用"刷子工具"绘画

在绘制动画的过程中，使用"刷子工具"可以创建多种特殊效果，单击工具箱中的"刷子工具"按钮，在选项区域中可以设置"刷子模式"、"刷子大小"和"刷子形状"。

● **刷子模式**

用来设置绘画刷子的模式，一共包括5种模式，分别是"标准绘画"、"颜料填充"、"后面绘画"、"颜料选择"和"内部绘画"。

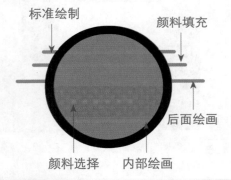

● **刷子大小**

单击该按钮，在弹出的面板中即可设置绘画刷子的大小。

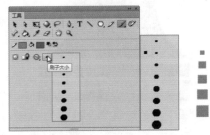

● **刷子形状**

单击该按钮，在弹出的面板中即可设置绘画刷子的形状。

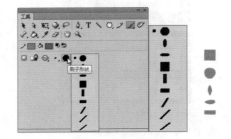

在使用"刷子工具"绘制图形时，可以选择刷子的大小，而且刷子的大小不会随着舞台视图比例的改变而改变。

➡ 实例 09+ 视频：绘制特色小饼干

在 Flash 中可以使用"刷子工具"绘制任意形状，本实例绘制的是特色小饼干，通过本实例的学习，读者可以掌握"刷子工具"在动画中的使用方法和技巧。

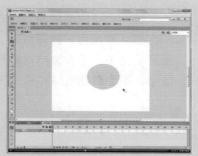

🏠 源文件：源文件 \ 第 5 章 \5-2. fla

📶 操作视频：视频 \ 第 5 章 \5-2. swf

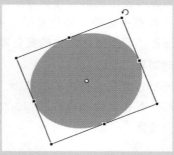

01 ▶ 新建一个默认大小的空白文档，选择"椭圆工具"，在"属性"面板中进行设置。

02 ▶ 绘制椭圆，并使用"任意变形工具"调整其旋转角度。

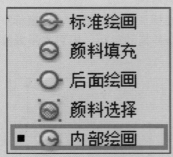

03 ▶ 在工具箱中单击"刷子工具"按钮，在选项区域中选择"内部绘画"刷子模式。

04 ▶ 设置"填充颜色"为 #3D1900，在椭圆内部绘制图形。

05 ▶ 选择"椭圆工具"，在"属性"面板中设置"笔触颜色"为无，"填充颜色"为白色，绘制椭圆。

06 ▶ 使用相同的方法，完成其他饼干的绘制，完成实例的绘制，保存文件，按快捷键 Ctrl+Enter，测试绘制效果。

5.3 任意变形工具

在 Flash 动画的制作过程中，可以单独执行某一个变形操作，也可以将移动、旋转、缩放、倾斜和扭曲等多个变形操作组合在一起执行。

在工具箱中选择"任意变形工具"，选择舞台中的图形对象，图形对象的周围会出现一个变形框，根据鼠标发生的变化即可对其进行不同的变形操作。

● **移动对象**

将光标放置在边框内的对象上，鼠标变为 图标，单击并拖动鼠标，即可将对象移动到其他位置。

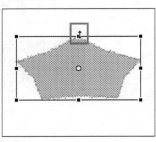

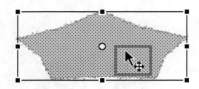

● **倾斜对象**

将光标放置在边框外，当鼠标变为 图标，单击并拖动鼠标，即可水平或垂直倾斜对象。

● **旋转对象**

将光标放置在角手柄的外侧，当鼠标变为 图标，单击并拖动鼠标，即可旋转所选对象。

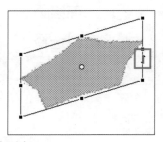

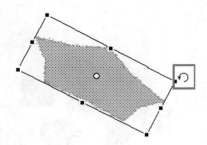

● **扭曲对象**

按住 Ctrl 键，将光标放置在角手柄的外侧，当鼠标变为 图标，单击并拖动鼠标，即可扭曲对象。

● **缩放对象**

将光标放置在角手柄或边手柄上，鼠标变为 图标或 图标，单击并拖动鼠标，即可使对象沿各自的方向进行缩放。

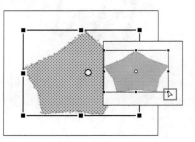

实例 10+ 视频：绘制南瓜小车

　　本实例绘制的是一个卡通南瓜小车，在绘制的过程中，主要运用了"任意变形工具"的扭曲功能，通过本实例的学习，读者可以掌握"任意变形工具"在 Flash 绘制动画中的应用。

🏠 源文件：源文件 \ 第 5 章 \5-3.fla

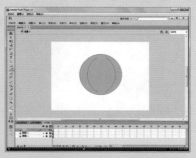

🔊 操作视频：视频 \ 第 5 章 \5-3.swf

01 ▶ 新建一个默认大小的空白文档，选择"椭圆工具"，在"属性"面板中进行设置。

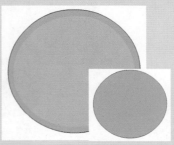

02 ▶ 绘制椭圆，使用相同的方法，绘制另一个椭圆。

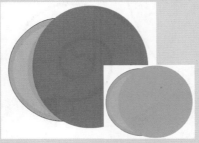

03 ▶ 新建"图层 2"，使用相同的方法，绘制两个不同颜色的椭圆。

04 ▶ 单击选择红色椭圆，按 Delete 键将其删除。

05 ▶ 使用相同的方法，完成其他相似内容的制作。

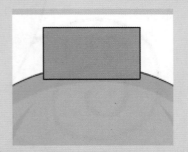

06 ▶ 新建"图层 3"，绘制一个"笔触颜色"为 #000000，"填充颜色"为 #E2B445 的矩形。

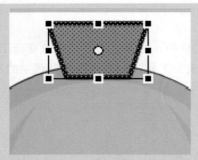

07 ▶ 选择"任意变形工具",按住快捷键 Ctrl+Shift,将光标放置在角手柄外侧,单击并拖动鼠标。

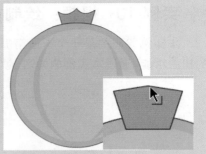

08 ▶ 选择"选择工具",按住 Ctrl 键,单击并拖动鼠标,调整图形,继续调整图像,并将该图层放置在"图层 1"下方。

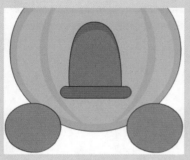

09 ▶ 使用相同的方法,完成其他相似部分的绘制。

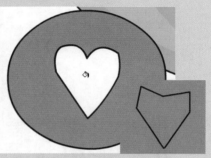

10 ▶ 使用"线条工具"绘制直线,并进行调整,使用"颜料桶工具"填充 #FFFFFB。

11 ▶ 使用相同的方法,完成右侧心形图形的绘制。

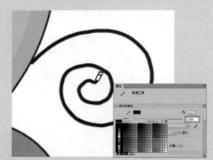

12 ▶ 选择"铅笔工具",在"属性"面板中进行设置,绘制图形。

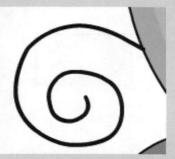

13 ▶ 使用相同的方法,完成图形剩余部分的绘制。

14 ▶ 完成实例的制作,保存文件,按快捷键 Ctrl+Enter,测试绘制效果。

提问："任意变形工具"和"缩放"命令的区别是什么？

答：在对图形对象进行缩放操作时，使用"任意变形工具"，按住 Shift 键可使对象等比例缩放，而使用"缩放"命令，按住 Shift 键可使对象随意缩放。

5.4　位图填充

在 Flash 中，不仅可以进行"纯色"填充、"径向渐变"填充和"线性渐变"填充，还可以进行"位图填充"。

执行"窗口 > 颜色"命令，在打开的"颜色"面板中选择"位图填充"，即可对绘制的图形对象进行位图填充。

 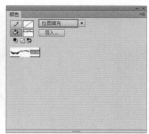 

➡ 实例 11+ 视频：绘制城堡

本实例绘制的是一个城堡，在绘制的过程中，主要使用了 Flash 中的"位图填充"功能，通过本实例的学习，读者可以掌握"位图填充"在实际工作中的应用。

🏠 源文件：源文件 \ 第 5 章 \5-4.fla

📶 操作视频：视频 \ 第 5 章 \5-4.swf

01 ▶ 执行"文件 > 新建"命令，在弹出的"新建文档"对话框中进行设置。

02 ▶ 选择"矩形工具"，绘制一个任意颜色的矩形，选择绘制的矩形。

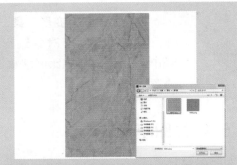

03 ▶ 执行"窗口 > 颜色"命令,在打开的 "颜色"面板中选择"位图填充"。

04 ▶ 单击"导入"按钮,在弹出的"导入到库" 对话框中选择"素材 \ 第 5 章 \5401.png"。

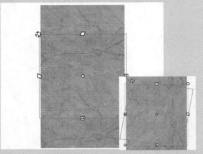

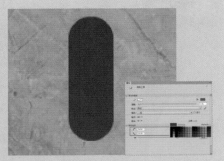

05 ▶ 使用"任意变形工具"对位图填充进 行调整。

06 ▶ 新建"图层 2",选择"矩形工具", 在"属性"面板中进行设置,绘制圆角矩形。

07 ▶ 选择圆角矩形,按住 Alt 键,单击并 拖动鼠标,复制圆角矩形。

08 ▶ 更改复制圆角矩形的颜色为 #6C6658, 删除不需要的部分。

09 ▶ 使用相同的方法,完成其他窗户部分 的绘制。

10 ▶ 使用相同的方法,完成城堡屋檐部分 的绘制。

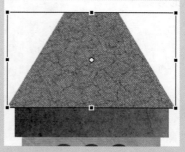

11 ▶ 使用相同的方法，在"颜色"面板中设置"填充颜色"为"素材\第 5 章\5403.jpg"的"位图填充"。

12 ▶ 使用"矩形工具"绘制矩形，按住快捷键 Ctrl+Shift，使用"任意变形工具"进行调整。

13 ▶ 使用相同的方法，绘制多个矩形，完成小城堡的绘制。

14 ▶ 使用相同的方法，完成其他小城堡的绘制。

15 ▶ 新建"图层 3"，导入"素材\第 5 章\5404.png"，将该图层放置在"图层 1"下方。

16 ▶ 完成实例的制作，保存文件，按快捷键 Ctrl+Enter，测试绘制效果。

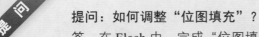

提问：如何调整"位图填充"？

答：在 Flash 中，完成"位图填充"操作后，可以使用"任意变形工具"调整填充的大小、方向、宽度和旋转角度等。

5.5 "颜色"面板

在 Flash 中，"颜色"面板是最常用的，它不但可以对"笔触颜色"和"填充颜色"进行设置，还可以通过设置不同的"纯色"填充、"渐变色"填充和"位图填充"达到不同的图形效果。

➡ 实例 12+ 视频：绘制漂亮花朵

　　本实例绘制的是一支漂亮的花朵，在绘制的过程中，综合运用了多种色彩，通过本实例的学习，读者可以掌握"颜色"面板在 Flash 中的重要作用。

🏠 源文件：源文件 \ 第 5 章 \5-5.fla

📡 操作视频：视频 \ 第 5 章 \5-5.swf

01 ▶ 新建一个默认大小的空白文档，选择"椭圆工具"，执行"窗口 > 颜色"命令。

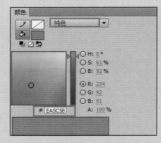

02 ▶ 在打开的"颜色"面板中设置"填充颜色"为 #EA5C5B。

03 ▶ 单击并拖动鼠标绘制椭圆，并使用"任意变形工具"调整其中心点位置。

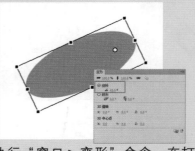

04 ▶ 执行"窗口 > 变形"命令，在打开的"变形"面板中设置"旋转"角度。

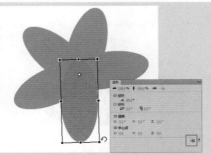

05 ▶ 多次单击"变形"面板中的"重置选区和变形"按钮，并调整椭圆的旋转角度。

06 ▶ 使用"选择工具"调整绘制图形的形状，制作花瓣效果。

07 ▶ 使用相同的方法，完成其他花瓣图形的调整。

08 ▶ 新建"图层 2"，使用"椭圆工具"绘制椭圆并进行调整。

09 ▶ 选择"椭圆工具"，在"颜色"面板中设置"填充颜色"为 #421A1A，绘制椭圆。

10 ▶ 选择"线条工具"，在"颜色"面板中设置"笔触颜色"为 #AD4441，绘制直线。

11 ▶ 使用"选择工具"进行调整，使用相同的方法，完成其他部分的调整。

12 ▶ 选择使用相同的方法，绘制直线，并进行调整。

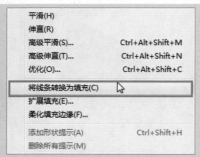

13 ▶ 选择"图层 4"中的图形，执行"修改 > 形状 > 将线条转换为填充"命令，将笔触转换为填充。

14 ▶ 选择"墨水瓶工具"，在"颜色"面板中设置"笔触颜色"为 #8F363A，并为"图层 4"中的图形描边。

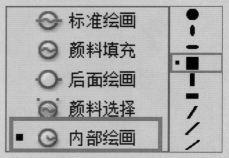

15 ▶ 新建"图层 6"，使用"椭圆工具"绘制一个"填充颜色"为 #CA810E 的正圆。

16 ▶ 选择"刷子工具"，在工具箱的选项区域设置"刷子形状"和"刷子模式"。

17 ▶ 在"颜色"面板中设置"填充颜色"为 #FFC53F，在椭圆内部绘制多个形状。

18 ▶ 使用相同的方法，完成花蕊其他部分的绘制。

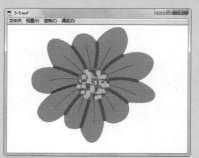

19 ▶ 执行"文件 > 另存为"命令，在弹出的"另存为"对话框中进行设置，保存文件。

20 ▶ 完成实例的制作，按快捷键 Ctrl+Enter，测试绘制效果。

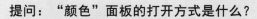

提问："颜色"面板的打开方式是什么？

　　答：在 Flash 中，除了执行"窗口 > 颜色"命令之外，还可以通过按快捷键 Alt+Shift+F9 快速打开"颜色"面板。

5.6　设置颜色"不透明度"

　　在 Flash 中，不仅可以设置颜色，还可以设置颜色的"不透明度"，即颜色的 Alpha 值，从而制作出不同的动画效果。用户在"填充颜色"、"笔触颜色"和"颜色"面板中均可设置颜色的"不透明度"。

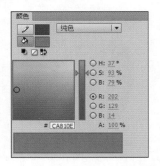
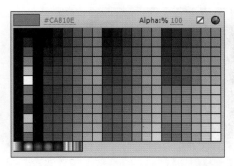

实例 13+ 视频：绘制宝石

　　本实例绘制的是一个金光灿灿的宝石，在绘制的过程中，主要通过设置颜色和颜色的"不透明度"体现宝石的光泽，通过本实例的学习，读者可以掌握色彩的应用。

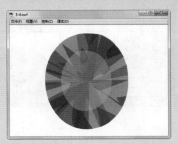

　　　源文件：源文件 \ 第 5 章 \5-6.fla

　　　操作视频：视频 \ 第 5 章 \5-6.swf

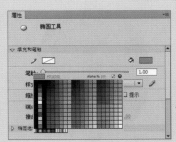

01 ▶新建一个默认大小的空白文档，选择"椭圆工具"，在"属性"面板中进行设置。

02 ▶绘制一个椭圆，并使用"选择工具"进行调整。

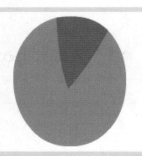

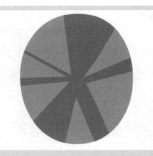

03 ▶ 使用"线条工具"绘制直线并进行调整，更改线条内部填充颜色为 #AB535F，并删除线条。

04 ▶ 使用相同的方法，完成其他相似形状的绘制。在"时间轴"面板中单击"新建图层"按钮，新建"图层 2"。

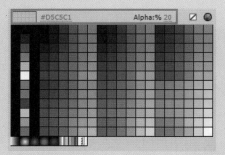

05 ▶ 选择"椭圆工具"，在"属性"面板中设置"填充颜色"为 #D5C5C1，Alpha 值为 20%。

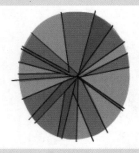

06 ▶ 绘制椭圆，使用"线条工具"绘制直线，使用"颜料桶工具"为不同的部分填充不同的颜色，并调整其 Alpha 值。

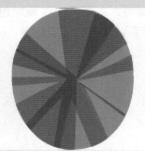

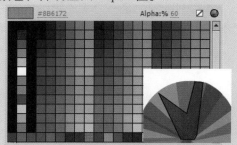

07 ▶ 选择不需要的线条，按 Delete 键将其删除，复制"图层 2"。

08 ▶ 使用"线条工具"绘制直线并进行调整，填充 #8B6172，设置其 Alpha 值为 60%。

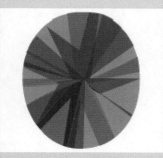

09 ▶ 删除线条，使用相同的方法，完成其他部分的绘制。

10 ▶ 使用相同的方法，绘制宝石其他部分图形。

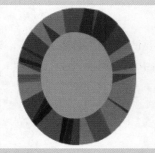

11 ▶ 新建"图层 3"，使用"椭圆工具"绘制一个"填充颜色"为 #D3B39C 的椭圆，并进行调整。

12 ▶ 选择刚刚绘制的椭圆，在打开的"属性"面板中单击"填充颜色"，设置"填充颜色"的 Alpha 值为 50%。

13 ▶ 执行"文件 > 另存为"命令，在弹出的"另存为"对话框中进行设置，保存文件。

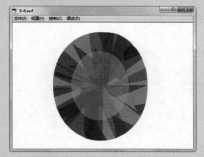

14 ▶ 完成实例的制作，按快捷键 Ctrl+Enter，测试绘制效果。

提问：在绘制的过程中如何快速删除不需要的线条？

答：选择需要删除线条的图层，选择该图层中的内容，在打开的"属性"面板中单击"笔触颜色"按钮，设置"笔触颜色"为无，即可快速将该图层中的线条删除。

5.7　使用"钢笔工具"绘画

在 Flash 中，使用"钢笔工具"可以绘制任意不规则的形状，单击可以创建直线段上的点，拖动可以创建曲线段上的点。绘制完路径后，还可以通过调整线条上的点来调整直线段和曲线段。

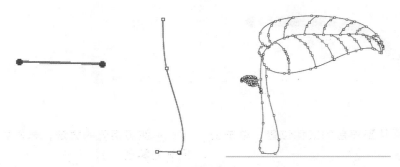

⇨ 实例 14+ 视频：绘制椰子树

本实例绘制的是一颗椰子树，在绘制的过程中，主要使用了"钢笔工具"，通过本实例的学习，读者可以掌握"钢笔工具"在 Flash 绘制动画中的应用。

🏠 源文件：源文件 \ 第 5 章 \5-7. fla

📶 操作视频：视频 \ 第 5 章 \5-7. swf

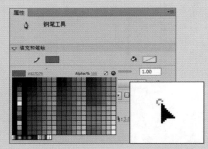

`01` ▶ 执行"文件 > 新建"命令，在弹出的"新建文档"对话框中进行设置。

`02` ▶ 选择"钢笔工具"，在"属性"面板中进行设置，在舞台中单击创建一个锚点。

`03` ▶ 将光标移至舞台的其他位置，单击并拖动鼠标创建曲线段。

`04` ▶ 将光标移至第二个锚点，当光标变成 🖋 时，单击该锚点去除一条方向线。

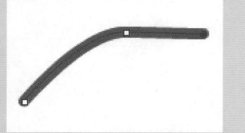

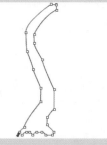

`05` ▶ 将光标移到舞台的其他位置，单击创建一条直线。

`06` ▶ 使用相同的方法，单击并拖动鼠标绘制其他路径。

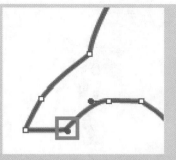

07 ▶ 将光标移至整个线段的起始点上方，当光标变为 🖑。时，单击闭合路径。

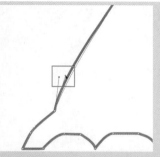

08 ▶ 使用"部分选取工具"移动锚点上的切线手柄，调整路径的方向和倾斜角度。

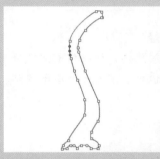

09 ▶ 使用相同的方法，调整绘制路径的其他部分。

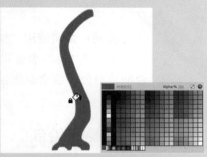

10 ▶ 使用"颜料桶工具"为绘制的路径填充 #6B5D52。

11 ▶ 新建"图层 2"，使用相同的方法，绘制路径并进行调整。

12 ▶ 使用"颜料桶工具"为绘制的路径填充 #7F905C。

13 ▶ 使用相同的方法，完成椰子树树叶其他部分的绘制。

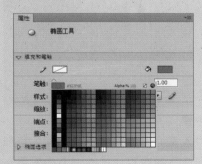

14 ▶ 新建"图层 4"，选择"椭圆工具"，在"属性"面板中进行设置。

15 ▶ 绘制多个椭圆，并使用"选择工具"进行调整。

16 ▶ 完成实例的制作，保存文件，按快捷键 Ctrl+Enter，测试绘制效果。

提问：如何使用"钢笔工具"绘制开放路径？

答：在 Flash 中使用"钢笔工具"绘制开放路径，可按住 Ctrl 键单击舞台的空白处，或者双击绘制的最后一个锚点，也可以按 Esc 键退出绘制。

5.8 动画场景的绘制

　　动画场景的绘制是 Flash 动画中重要的组成部分，它是除动画角色以外的所有事物，合理准确的动画场景可以烘托出动画的主题和气氛。在 Flash 动画中，场景主要分为远景、中景和近景。

● **远景**

　　远景是指较远的景色，一般会作为动画开头的场景，用来说明所绘制 Flash 动画故事发生的时间、地点和背景等。

● **近景**

　　近景是指近处的景色，一般是对某一事物的特写。

● **中景**

　　中景是介于远景和近景之间的场景，可以起到连贯的效果，推动情节的发展，属于过渡性质的场景设计。

实例 15+ 视频：绘制游戏场景 1

　　本实例绘制的是游戏场景中的远景，其中包括蓝天和白云，在绘制的过程中主要使用了"线性渐变"、"变形"面板和"铅笔工具"。

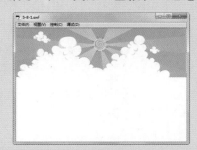

源文件：源文件 \ 第 5 章 \5-8-1.fla

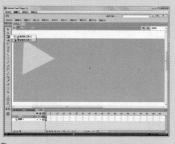

操作视频：视频 \ 第 5 章 \5-8-1.swf

`01 ▶` 执行"文件 > 新建"命令，在弹出的"新建文档"对话框中进行设置。

`02 ▶` 执行"插入 > 新建元件"命令，在弹出的"创建新元件"对话框中进行设置。

`03 ▶` 打开"颜色"面板，设置 #0FD3FE 到 #40FFFF 的"线性渐变"。

`04 ▶` 选择工具箱中的"矩形工具"，绘制一个矩形。

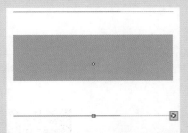

`05 ▶` 使用"渐变变形工具"对"线性渐变"进行调整。

`06 ▶` 新建"图层 2"，设置 #BAF5FF 到 #40FFFF 的"线性渐变"，使用"多角星形工具"绘制多边形。

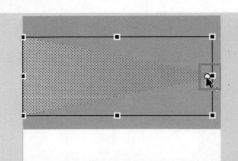

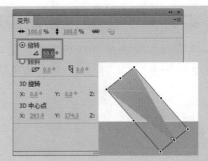

07 ▶ 选择"任意变形工具",按住快捷键 Ctrl+Shift 调整矩形的形状,并调整其中心点位置。

08 ▶ 在"变形"面板中设置"旋转"角度为 50°。

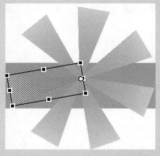

09 ▶ 多次单击"重制选区和变形"按钮,绘制图形。

10 ▶ 使用"选择工具"进行调整,选择不需要的部分,按 Delete 键将其删除。

11 ▶ 新建"图层 3",使用"椭圆工具"绘制一个"填充颜色"为 #C7F8FF 的正圆。

12 ▶ 使用"铅笔工具"绘制"笔触颜色"为 #FF6500,"笔触高度"为 0.5 的图形。

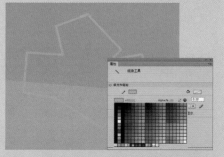

13 ▶ 更改绘制图形内部的颜色为 #FFF605,使用相同方法绘制多个椭圆。

14 ▶ 新建"图层 4",选择"线条工具",在"属性"面板中进行设置,绘制直线。

高光

15 ▶ 使用"选择工具"进行调整，并使用"颜料桶工具"为其填充白色。

16 ▶ 使用"线条工具"绘制直线并进行调整，更改图形颜色为 #CFFBFF，删除线条。

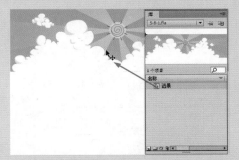

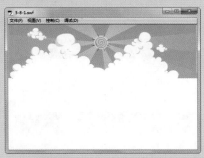

17 ▶ 使用相同的方法，完成其他相似云朵的绘制，返回"场景 1"，将"远景"元件拖入舞台并调整其大小。

18 ▶ 完成实例的绘制，执行"文件 > 另存为"命令，保存文件，按快捷键 Ctrl+Enter，测试绘制效果。

提 问

提问：关于"铅笔工具"的使用？

答：在 Flash 中使用"铅笔工具"可以比较随意地绘制线条，绘制的线条就是鼠标运动的轨迹，其有"伸直"、"平滑"和"墨水"3 种模式可供选择。

➡ 实例 16+ 视频：绘制游戏场景 2

本实例绘制的是游戏场景中的中景，其中包括大海、山脉和树木，在绘制的过程中需要注意图层的堆叠顺序，体现场景的立体感。

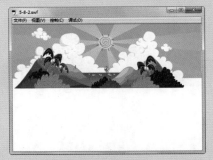

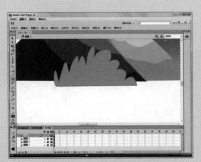

🏠 源文件：源文件 \ 第 5 章 \5-8-2. fla

📶 操作视频：视频 \ 第 5 章 \5-8-2. swf

01 ▶ 执行"文件 > 打开"命令，在弹出的"打开"对话框中选择"源文件 \ 第 5 章 \5-8-1.fla"。

02 ▶ 单击"打开"按钮，新建"图层 2"，在"颜色"面板中设置 #08DBFF 到 #1C5CF1 的"线性渐变"。

03 ▶ 绘制矩形，使用"渐变变形工具"调整"线性渐变"，选择矩形。

04 ▶ 执行"修改 > 转换为元件"命令，在弹出的"转换为元件"对话框中进行设置。

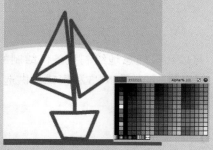

05 ▶ 双击元件，进入编辑状态，新建"图层 2"，使用"线条工具"绘制直线。

06 ▶ 使用"选择工具"进行调整，并填充不同的颜色。

07 ▶ 使用"线条工具"绘制多条"笔触颜色"为 #EDF4FE 的直线并进行调整。

08 ▶ 新建"图层 3"，使用"线条工具"，绘制直线并进行调整，填充 #58CA6F。

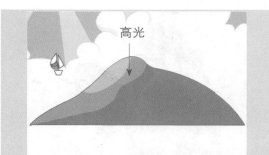

09 ▶ 使用"线条工具"绘制线条并进行调整，更改图形的颜色，删除不需要的线条。

10 ▶ 使用相同的方法，完成其他相似山脉的绘制。

11 ▶ 新建"图层 4"，使用"线条工具"绘制直线并进行调整，填充颜色为 #A6BD22。

12 ▶ 设置"填充颜色"为 #8C9A13，使用"刷子工具"绘制图形，并进行调整。

13 ▶ 使用相同的方法，完成其他相似草丛的绘制。

14 ▶ 新建"图层 5"，使用"线条工具"绘制"笔触颜色"为 #D26314 的直线并进行调整。

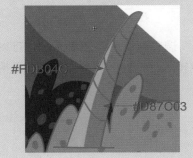

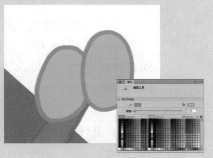

15 ▶ 使用"颜料桶工具"填充不同的颜色，并将不需要的线条删除。

16 ▶ 使用"椭圆工具"绘制椭圆，并进行调整。

17 ▶ 使用相同的方法，绘制"填充颜色"为白色的椭圆并进行调整。

18 ▶ 使用"线条工具"绘制直线并进行调整，填充 #133E12。

19 ▶ 选择"铅笔工具"，在"属性"面板中进行设置，绘制图形。

20 ▶ 将该图层放置在"图层4"的下方，使用相同的方法，完成其他相似椰子树的绘制。

21 ▶ 在"图层7"下方新建"图层8"，使用"椭圆工具"绘制椭圆。

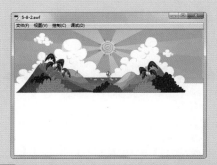

22 ▶ 使用相同的方法，完成其他相似树木的绘制，返回"场景1"，保存并测试文件。

提问：如何使用"渐变变形工具"？

答：在 Flash 中，使用"渐变变形工具"调整渐变和位图填充时，可以通过边框中的"中心点"、"宽度"、"旋转"、"大小"和"焦点"手柄进行调整。

➡ 实例 17+ 视频：绘制游戏场景 3

本实例绘制的是游戏场景中的近景，其中包括道路和道路两旁的草丛，在绘制的过程中需要考虑所有事物不是在同一个水平线上，注意空间感的绘制。

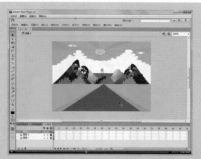

⌂ 源文件：源文件 \ 第 5 章 \5-8-3.fla

🔊 操作视频：视频 \ 第 5 章 \5-8-3.swf

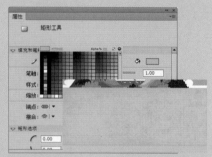

01 ▶ 执行 "文件 > 打开" 命令，在弹出的 "打开" 对话框中选择 "源文件 \ 第 5 章 \5-8-2.fla"。

02 ▶ 新建 "图层 3"，单击 "矩形工具" 按钮，在 "属性" 面板中进行设置，绘制一个矩形。

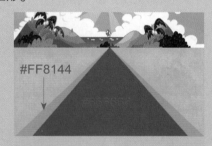

#FF8144

03 ▶ 选择 "线条工具"，绘制任意 "笔触颜色" 的直线。

04 ▶ 更改图形的颜色，按 Delete 键将线条删除。

05 ▶ 选择 "图层 3" 中的图形，按 F8 键，在弹出的 "转换为元件" 对话框中进行设置，单击 "确定" 按钮。

06 ▶ 双击该元件，进入编辑状态，新建 "图层 2"，使用 "线条工具" 绘制直线，并填充为白色。

07 ▶ 将不需要的线条按 Delete 键删除。使用"选择工具"创建选区，按 Delete 键将选区内容删除。

09 ▶ 执行"插入 > 新建元件"命令，在弹出的"创建新元件"对话框中进行设置，单击"确定"按钮。

11 ▶ 返回"场景1"，将"草丛"元件从"库"面板中拖入舞台，并调整其大小和位置。

08 ▶ 使用相同的方法，删除不需要的部分，完成道路的绘制。

10 ▶ 使用"线条工具"绘制直线，使用"选择工具"进行调整，使用"颜料桶工具"填充颜色为 #339933。

12 ▶ 使用相同的方法，完成其他部分，保存并测试文件。

提问：动画场景的其他分类？

答：除了实例所讲的远景、中景和近景分类之外，动画场景还有内景和外景两种场景形式，综合使用不同的形式可以使 Flash 动画更加生动活泼。

5.9 本章小结

本章主要讲解了 Flash 动画中场景和场景中事物的绘制，通过本章的学习，读者可以综合运用 Flash 中的绘图工具制作出精美的动画场景效果。

第 6 章 绘制动物角色

随着互联网和 Flash 动画技术的发展，Flash 动画的运用也越来越广泛。本章将针对 Flash 中的动物角色动画的制作方法和技巧进行详细讲解。

6.1 对象绘制模式

在使用 Flash 中的绘图工具绘制对象时，常常需要以不同的绘制模式进行绘图，用户可以根据实际工作的需要进行选择。

6.1.1 对象绘制

在绘画工具的"对象绘制" 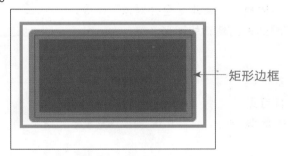 模式下，绘制图形对象的周围会以矩形边框显示，当形状包含"笔触"和"填充"时，"笔触"和"填充"是合为一体的，不可进行单独操作。

← 矩形边框

本章知识点

☑ 掌握对象绘制模式

☑ 熟练掌握对象的编辑

☑ 掌握填充的编辑

☑ 掌握图层的操作

☑ 了解图层的状态

● "对象绘制"的选择

在工具箱的选项区域单击"对象绘制"按钮，即可启用"对象绘制"模式。

● "对象绘制"的切换

按 J 键即可在"对象绘制"模式和"合并绘制"模式间进行切换。

6.1.2 绘制对象的编辑

在绘画工具的"对象绘制"模式下绘制图形后，常常需要对其进行编辑，以便更好地表现动画。

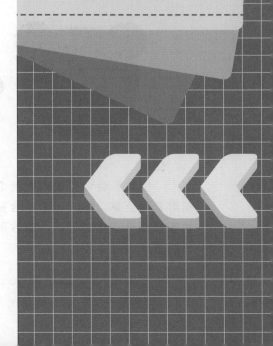

● 编辑绘制对象

　　在"对象绘制"模式下绘制图形，双击即可进入"绘制对象"的编辑模式，可以更好地进行调整和编辑。

● 分离绘制对象

　　如果需要将绘制的对象分离为单独的可编辑元素，可以执行"修改 > 分离"命令，同时文件大小也会大大地减小。

 提 示　　在完成分离对象后，执行"编辑 > 撤销分离"命令可以撤销分离操作，但分离操作会对图形产生一定的影响。

6.1.3　合并对象

　　在同一图层中绘制多个图形后，可以执行"修改 > 合并对象"命令，根据需要选择不同的命令，改变现有图形来创建新的图形。

● 联合

　　"联合"命令可以合并两个或多个绘制对象，生成一个由绘制对象上所有可见部分组成的形状，将形状上不可见的重叠部分删除。

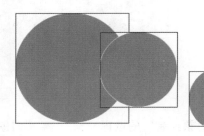

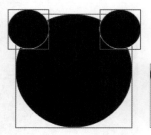

● 打孔

　　"打孔"命令可以删除两个或多个绘制对象中最上面绘制对象所覆盖的所有部分，并完全删除最上面的绘制对象。

● 交集

　　"交集"命令可以创建两个或多个绘制对象的交集，生成一个由合并绘制对象的重叠部分组成的形状，删除形状上不重叠的部分。

● 裁切

　　"裁切"命令可以使用一个绘制对象的轮廓裁切另一个绘制对象，保留下层对象中与最上层对象重叠的部分，删除下层对象的其他部分，并完全删除最上层的对象。

➡ 实例 18+ 视频：绘制小恐龙 1

　　在动漫中常常需要各种动物角色，本实例将通过绘制一只可爱的小恐龙讲解 Flash 在动漫中的应用。通过本实例的学习，读者可以掌握绘画工具"对象绘制"模式的使用方法和技巧。

🏠 源文件：源文件 \ 第 6 章 \6-1-3.fla

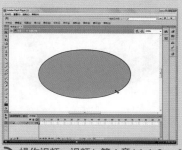

📶 操作视频：视频 \ 第 6 章 \6-1-3.swf

01 ▶执行"文件>新建"命令，单击"确定"按钮，新建一个默认大小的空白文档。

02 ▶选择"椭圆工具"，在"属性"面板中进行设置。

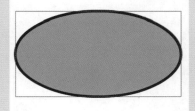

03 ▶在"对象绘制"模式下，绘制椭圆，效果如图所示。

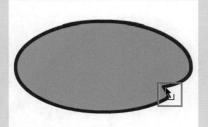

04 ▶双击进入"绘制对象"编辑，选择"选择工具"，按住 Alt 键，单击并拖动绘制的椭圆，调整效果如图所示。

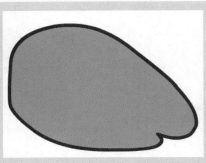

05 ▶继续使用"选择工具"调整椭圆的形状，效果如图所示。

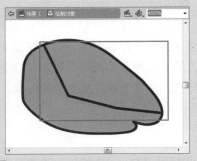

06 ▶选择"线条工具"，并退出"绘制对象"模式绘制直线。

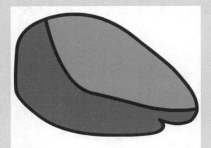

07 ▶使用"选择工具"调整绘制直线的形状，修改直线下方形状的颜色为 #729700。

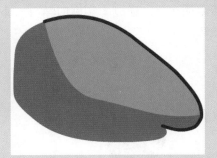

08 ▶将不需要的直线删除，单击"场景 1"按钮，返回"场景 1"。

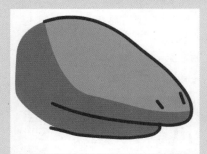

09 ▶在"线条工具"的"对象绘制"模式下绘制线条，并进行调整。

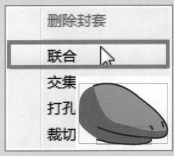

10 ▶选择绘制的图形，执行"修改 > 合并对象 > 联合"命令。

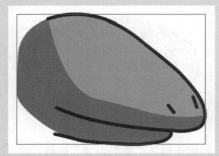

11 ▶将绘制的对象合并为一个形状。在"时间轴"面板中新建"图层 2"。

12 ▶选择"椭圆工具"，在"属性"面板中进行设置，按住 Shift 键，绘制正圆。

13 ▶ 使用"选择工具"进行调整，效果如图所示。

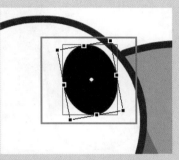

14 ▶ 设置"笔触颜色"为无，"填充颜色"为黑色，绘制椭圆并调整其旋转角度。

15 ▶ 使用相同的方法，完成其他相似内容的制作。

16 ▶ 使用相同的方法，完成"图层 2"中对象的联合。

17 ▶ 使用相同的方法，完成另一只眼睛的制作，并将其放置在"图层 1"的下方。

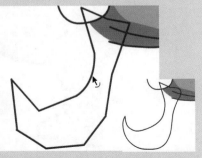

18 ▶ 新建"图层 4"，选择"线条工具"，绘制直线，使用"选择工具"进行调整·。

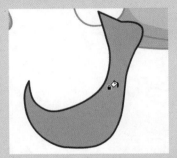

19 ▶ 双击绘制的图形，使用"颜料桶工具"为其填充为 #99CC00。

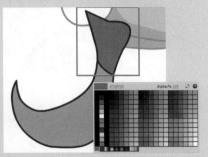

20 ▶ 使用"线条工具"绘制直线，进行调整，更改直线上方图形颜色，并删除直线。

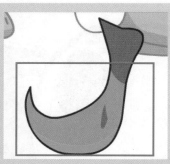

21 ▶ 使用相同的方法，完成其他相似内容的绘制，效果如图所示。

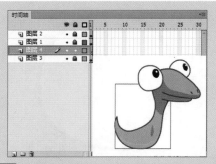

22 ▶ 返回"场景1"，将"图层4"放置在"图层1"下方，联合"图层4"中的对象。

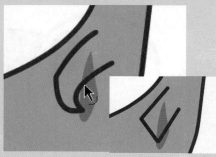

23 ▶ 在"线条工具"的"合并绘制"模式下绘制直线，并调整其形状。

24 ▶ 使用"线条工具"，绘制直线，并使用"选择工具"进行调整。

25 ▶ 使用"颜料桶工具"为形状填充颜色为 #99CC00。

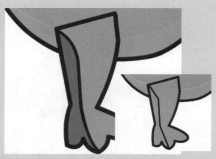

26 ▶ 使用"线条工具"绘制直线，并进行调整，更改直线左侧图形的颜色为 #729700。

27 ▶ 将不需要的线条删除。使用相同的方法，完成剩余部分的绘制。

28 ▶ 完成实例的制作，按快捷键 Ctrl+Shift+S，将其保存为"源文件 \ 第 6 章 \6-1-3.fla"。

提问：哪些绘画工具支持"对象绘制"模式？

　　答：支持"对象绘制"模式的绘画工具有"矩形工具"、"椭圆工具"、"多角星形工具"、"线条工具"、"钢笔工具"、"铅笔工具"和"刷子工具"。

实例 19+ 视频：绘制小恐龙 2

　　本实例在上一个实例的基础上绘制一个小球，体现动漫中小恐龙的顽皮，在实例的绘制过程中主要使用了"合并对象"命令中的"裁切"命令。通过本实例的学习，读者可以掌握"裁切"命令的使用方法和技巧。

⌂ 源文件：源文件 \ 第 6 章 \6-1-3-2.fla

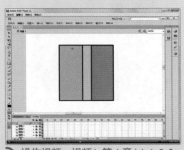

🔊 操作视频：视频 \ 第 6 章 \6-1-3-2.swf

`01` ▶ 执行"文件>打开"命令，在"打开"对话框中选择"源文件 \ 第 6 章 \6-1-3.fla"。

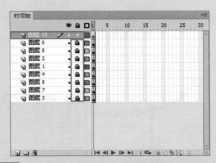

`02` ▶ 在"时间轴"面板中将所有图层锁定，并新建"图层 9"。

`03` ▶ 选择"矩形工具"，设置"填充颜色"为#66CC99，在"对象绘制"模式下绘制矩形。

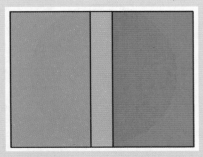

`04` ▶ 使用相同的方法，绘制其他形状，并调整其位置，效果如图所示。

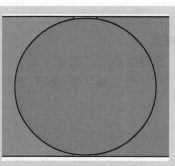

05 ▶选择"椭圆工具",绘制一个任意"笔触颜色"和"填充颜色"的正圆。

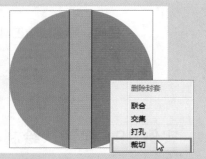

06 ▶选择所有绘制的形状,执行"修改 > 合并对象 > 裁切"命令,效果如图所示。

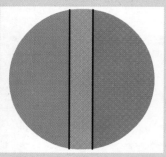

07 ▶执行"修改 > 分离"命令,将绘制对象分离,效果如图所示。

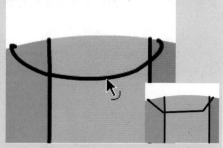

08 ▶使用"线条工具"绘制直线,使用"选择工具"调整其形状,效果如图所示。

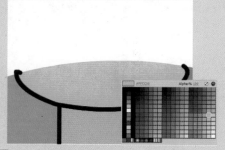

09 ▶将不需要的线条删除,并更改线条上方形状的颜色为 #FFCC00。

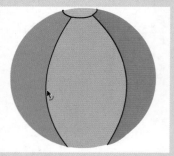

10 ▶使用"选择工具"调整笔触的形状,效果如图所示。

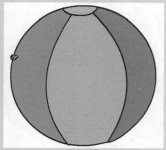

11 ▶选择"墨水瓶工具",设置"笔触颜色"为黑色,在形状的边缘单击填充描边。

12 ▶选择"椭圆工具",在属性面板中进行设置,绘制椭圆,并进行调整。

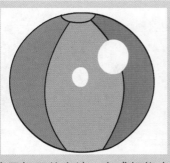

13 ▶ 使用相同的方法，完成相似内容的制作，效果如图所示。

14 ▶ 调整绘制球的位置，完成实例的制作，并保存文件。

 提问

提问：如何使用"选择工具"选择多个形状？

答：在 Flash 动画的绘制过程中，使用"选择工具"进行选择时，按住 Shift 键即可选择多个形状。

6.2　编辑填充

在动画的制作过程中，常常需要对填充对象进行编辑操作，Flash 为用户提供了两种编辑方式，分别是"扩展填充"和"柔化填充边缘"。

6.2.1　扩展填充

选择需要扩展填充的对象，执行"修改 > 形状 > 扩展填充"命令，在弹出的"扩展填充"对话框中进行各项参数的设置，即可完成形状对象的扩展或收缩操作。

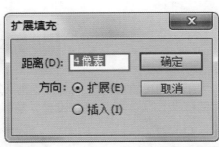

扩展填充

距离(D)：4像素　　　确定

方向：⊙ 扩展(E)　　取消
　　　○ 插入(I)

提示

在对填充对象进行"扩展填充"操作时，如果填充对象包含笔触，执行该命令后，笔触就会消失。

6.2.2　柔化填充边缘

执行"修改 > 形状 > 柔化填充边缘"命令，在弹出的"柔化填充边缘"对话框中进行各项参数的设置，即可使得填充形状对象边缘产生类似模糊的效果，使图形的边缘变得柔和。

实例 20+ 视频：绘制可爱的小鹿

　　本实例制作的是一只可爱的小鹿，在制作的过程中，重点在于"柔化填充边缘"命令的运用，通过本实例的学习，读者可以掌握"柔化填充边缘"命令在动物角色绘制中的使用方法和技巧。

　　源文件：源文件 \ 第 6 章 \6-2-2.fla

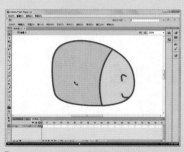

　　操作视频：视频 \ 第 6 章 \6-2-2.swf

01 ▶ 执行"文件 > 新建"命令，单击"确定"按钮，新建一个默认大小的空白文档。

02 ▶ 选择"椭圆工具"，在"属性"面板中进行设置，绘制椭圆。

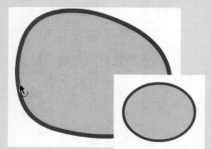

03 ▶ 使用"选择工具"对绘制的椭圆进行调整，效果如图所示。

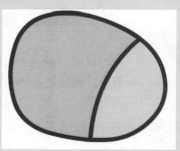

04 ▶ 使用"线条工具"绘制直线并进行调整，更改线条右侧形状的颜色为 #FFE86F。

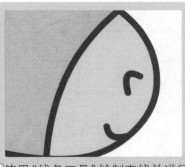

05 ▶ 使用"线条工具"绘制直线并进行调整，效果如图所示。

06 ▶ 选择"椭圆工具"，设置"笔触颜色"为无，"填充颜色"为 #67411C，绘制椭圆。

07 ▶ 使用相同的方法，完成其他相似内容的制作，效果如图所示。

08 ▶ 使用"椭圆工具"绘制一个"填充颜色"为 #F76572 的椭圆，并进行调整。

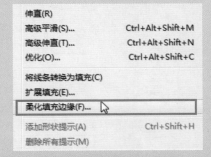

09 ▶ 选择绘制的椭圆，执行"修改 > 形状 > 柔化填充边缘"命令。

10 ▶ 在弹出的对话框中进行设置，单击"确定"按钮，效果如图所示。

11 ▶ 新建"图层 2"，使用"线条工具"绘制直线并进行调整。

12 ▶ 使用"颜料桶工具"为其填充 #FBB869，并将不需要的线条删除。

13 ▶ 在"图层 1"中使用"线条工具"绘制直线并进行调整。

14 ▶ 使用"颜料桶工具"填充颜色为 #FBB869，并删除不需要的线条。

15 ▶ 使用"线条工具"绘制直线并进行调整，填充颜色 #FFE86F。

16 ▶ 使用相同的方法，绘制其他图形并填充不同的颜色。

17 ▶ 使用相同的方法，完成剩余部分的绘制，并填充不同的颜色。

18 ▶ 完成实例的制作，按快捷键 Ctrl+Shift+S，保存为"源文件 \ 第 6 章 \6-2-2.fla"。

提问：

提问："扩展填充"功能的使用技巧是什么？

答：在 Flash 中，"扩展填充"功能在没有笔触且不包含很多细节的小型单色填充形状上使用的效果最好。

6.3 使用图层

创建的 Flash 文档中只包含一个图层，在制作 Flash 动画的过程中，可以进行创建图层、选择图层、重命名图层和复制图层等操作。

● 重命名图层

默认情况下，新图层是按照创建顺序命名的，有时为了更好地反映图层内容，可以重命名图层。

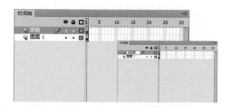

● 复制图层

复制图层不仅可以将图层中的图形对象进行复制，还可以将整个图层完整地复制，包括图层中的每一个帧。

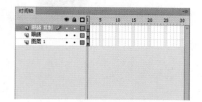

➡ **实例 21+ 视频：绘制小熊猫脑袋**

在 Flash 中，图层是必不可少的，在本实例绘制小熊猫脑袋的过程中，主要通过图层组织动画中的元素，通过本实例的学习，可以更好地掌握图层的应用。

🏠 源文件：源文件 \ 第 6 章 \6-3. fla

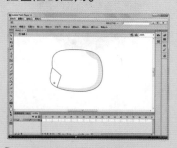

📶 操作视频：视频 \ 第 6 章 \6-3. swf

01 ▶ 新建一个默认文档，选择"椭圆工具"，在"属性"面板中进行设置。

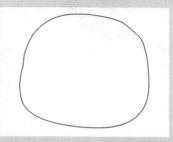

02 ▶ 绘制椭圆，使用"选择工具"进行调整，效果如图所示。

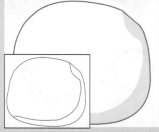

03 ▶ 使用"线条工具"绘制直线并进行调整，更改线条下方图形的颜色为#E7E8EC，删除不需要的线条。

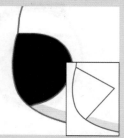

04 ▶ 使用"线条工具"绘制直线并进行调整，选择"颜料桶工具"，在"属性"面板中设置"填充颜色"为黑色并进行填充。

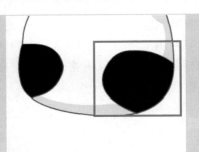

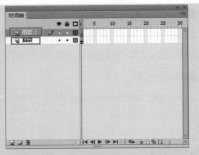

05 ▶使用相同的方法，完成另一部分内容的绘制。

06 ▶双击"图层 1"名称，将其重命名为"脑袋"，并新建"图层 2"。

07 ▶使用"椭圆工具"绘制椭圆并进行调整，使用"线条工具"绘制直线。

08 ▶使用"选择工具"进行调整，更改线条上方图形的颜色为 #333333，删除线条。

09 ▶使用相同的方法，完成另一只耳朵的绘制，并重命名"图层 2"为"耳朵"。

10 ▶新建"图层 3"，使用"椭圆工具"绘制椭圆，使用相同的方法，完成椭圆绘制。

11 ▶重命名"图层 3"为"鼻子"，新建"图层 4"，使用"椭圆工具"和"线条工具"绘制进行调整。

12 ▶使用相同的方法，完成另一只眼睛的制作，完成实例的制作，并将其保存为"源文件 \ 第 6 章 \6-3.fla"。

提问：如何更改"图层属性"？

答：在"时间轴"面板中选择图层，执行"修改 > 时间轴 > 图层属性"命令，在弹出的"图层属性"对话框中即可更改"图层属性"。

6.4 使用图层组

在 Flash 中，为了方便组织和管理图层，可以创建图层文件夹，即图层组，将相关的图层放置在一个图层文件夹中。Flash 提供了多种新建图层文件夹的方法，下面进行详细讲解。

● **使用"时间轴"面板**

单击"时间轴"面板中的"新建文件夹"按钮，即可创建图层文件夹。

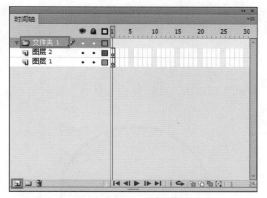

● **执行"图层文件夹"命令**

执行"插入 > 时间轴 > 图层文件夹"命令，即可插入图层文件夹。

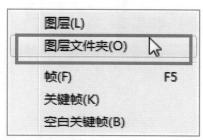

● **使用快捷菜单**

在"时间轴"面板中单击鼠标右键，在弹出的快捷菜单中选择"插入文件夹"命令，即可创建图层文件夹。

实例 22+ 视频：绘制小熊猫身体

在绘制动画的过程中，由于图层太多，不方便查找和管理，这就需要创建图层文件夹，通过本实例的学习，可以掌握图层组在动画中的应用。

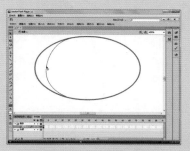

🏠 源文件：源文件 \ 第 6 章 \6-4.fla　　🔊 操作视频：视频 \ 第 6 章 \6-4.swf

01 ▶ 执行"文件 > 打开"命令，在"打开"对话框中选择"源文件 \ 第 6 章 \6-3.fla"。

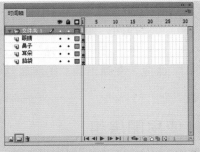

02 ▶ 在"时间轴"面板中单击"新建文件夹"按钮，新建"文件夹 1"。

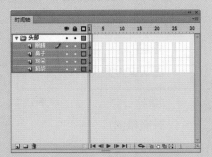

03 ▶ 双击"文件夹 1"，重命名为"头部"，将所有图层拖入"头部"文件夹中。

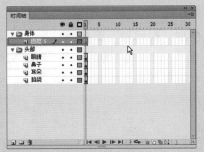

04 ▶ 使用相同的方法新建"身体"文件夹。新建"图层 5"并放置在"身体"文件夹中。

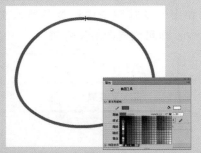

05 ▶ 选择"椭圆工具"，在"属性"面板中进行设置，绘制椭圆，并使用"选择工具"进行调整。

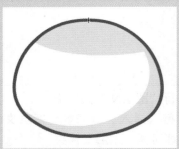

06 ▶ 使用"线条工具"绘制直线并进行调整，更改线条上方和右侧图形颜色为 #E7E8EC，删除不需要的线条。

07 ▶ 新建"图层 6"，使用"画笔工具"绘制直线，并进行调整。

08 ▶ 选择"颜料桶工具"，在"属性"面板中设置"填充颜色"为黑色，并进行填充。

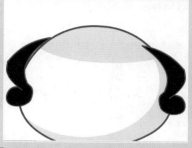

09 ▶ 使用相同的方法，完成另一只胳膊的绘制，并新建"图层 7"。

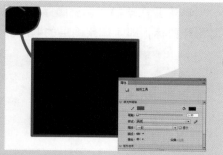

10 ▶ 选择"矩形工具"，在"属性"面板中进行设置，绘制矩形。

11 ▶ 使用"选择工具"进行调整，效果如图所示。

12 ▶ 使用"线条工具"绘制直线并进行调整，更改线条左侧图形的颜色为 #333333。

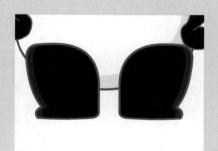

13 ▶ 删除不需要的线条，使用相同的方法，完成另一只腿的制作。

14 ▶ 将"身体"文件夹放置在"头部"文件夹的下方，完成实例的制作，保存文件。

提问：如何展开和折叠图层文件夹？

　　答：在"时间轴"面板中选择一个图层文件夹，只需单击图层文件夹名称左侧的三角形图标▶，即可展开或折叠图层文件夹。

6.5　调整图层顺序

　　通常情况下，一个 Flash 文档中包含多个图层，用来放置不同的图形对象。在 Flash 中用户可以根据需要，随意调整图层的排列顺序，以控制舞台中每个图层中图形对象的显示效果。

单击并拖动需要调整顺序的图层，出现一条黑色的线段，当线段到达需要调整的位置时松开鼠标，即可调整图层的顺序。

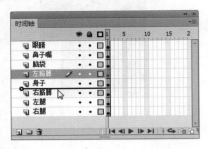 

➡ 实例 23+ 视频：绘制小兔子

本实例绘制的是一只活泼可爱的小兔子，在本实例的绘制过程中主要通过调整图层顺序来调整小兔子的显示效果，通过本实例的学习，掌握调整图层顺序的方法。

🏠 源文件：源文件 \ 第6章 \ 6-5.fla   📶 操作视频：视频 \ 第6章 \ 6-5.swf

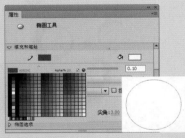 

01 ▶ 新建一个默认文档，选择"椭圆工具"，在"属性"面板中进行设置。

02 ▶ 绘制椭圆，使用"选择工具"进行调整，效果如图所示。

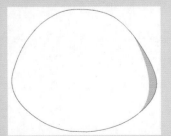 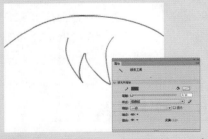

03 ▶ 使用"线条工具"绘制直线并进行调整，更改线条下方图形的颜色为 #CCCCCC，删除线条。

04 ▶ 选择"线条工具"，在"属性"面板中进行设置，绘制直线，使用"选择工具"进行调整，效果如图所示。

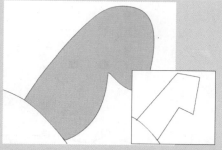

05 ▶ 使用"线条工具"绘制直线并进行调整，使用"颜料桶工具"填充颜色为 #FEBCBC。

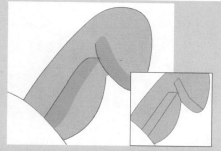

06 ▶ 使用"线条工具"绘制直线并进行调整，更改图形颜色为 #FF9999，删除线条。

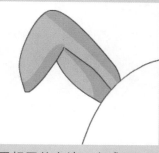

07 ▶ 使用相同的方法，完成另一只耳朵的绘制。

08 ▶ 使用"线条工具"绘制直线并进行调整，使用"颜料桶工具"填充颜色为 #E44586。

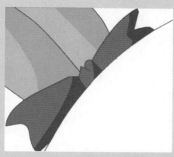

09 ▶ 使用"线条工具"绘制直线并进行调整，使用"颜料桶工具"填充颜色为 #C11C5F。

10 ▶ 新建图层，使用"椭圆工具"绘制椭圆，按住 Ctrl 键，调整椭圆的形状。

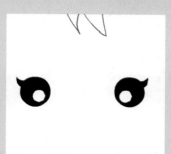

11 ▶ 继续绘制椭圆并进行调整，使用相同的方法，完成另一只眼睛的绘制。

12 ▶ 使用相同的方法，完成"图层 3"的绘制，效果如图所示。

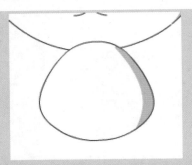

13 ▶ 新建"图层4",使用相同的方法,绘制如图所示的图形。

14 ▶ 在"时间轴"面板中单击并拖动"图层4"到"图层"的下方。

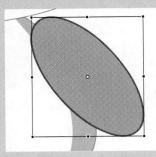

15 ▶ 新建"图层5",使用"椭圆工具"绘制椭圆,使用"任意变形工具"调整其旋转角度。

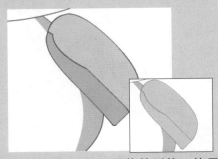

16 ▶ 使用"选择工具"调整其形状,使用"线条工具"绘制直线并进行调整,更改线条下方图形颜色为#FF9999。

17 ▶ 删除不需要的线条,使用相同的方法,绘制另一只胳膊。

18 ▶ 使用相同的方法,完成剩余部分的绘制,并保存文件。

提问:"任意变形工具"的使用技巧是什么?

答:在使用"任意变形工具"进行调整时,按住Alt键可以使对象围绕中心点进行旋转。

6.6 调整图层的状态

在Flash中可以通过"图层属性"对话框或"时间轴"面板中相应的小按钮来控制图层的状态,不仅可以控制显示状态,还可以控制显示效果。

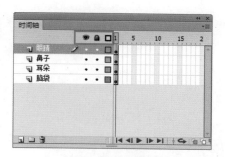

显示与隐藏图层

在绘制图形制作动画的过程中，有时为了方便查看某个图层中的图形效果，会将部分隐藏，单击图标 列，即可隐藏或显示该图层。

显示图层轮廓

为了快速区分图形对象所在图层，常常以轮廓显示图层内容，不同的图层拥有不同的轮廓颜色，而且还可以在"图层属性"对话框中更改其颜色。

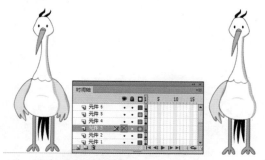

锁定／解锁图层

在绘制比较复杂的图形时，为了避免对图形对象造成不必要的误操作，可以单击图标 列暂时锁定，再次单击该图标，即可解锁图层。

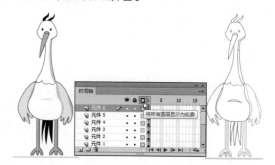

实例 24+ 视频：绘制可爱小猪

本实例绘制的是一只可爱的小猪，在绘制过程中综合运用了多种绘画工具。通过本实例的学习，读者可以基本掌握各种绘画工具的使用方法和技巧。

源文件：源文件 \ 第 6 章 \6-6.fla

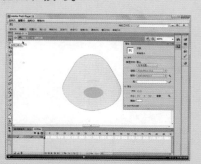

操作视频：视频 \ 第 6 章 \6-6.swf

01 ▶ 执行"文件 > 新建"命令，单击"确定"按钮，新建一个默认大小的空白文档。

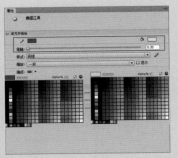

02 ▶ 选择"椭圆工具"，在"属性"面板中进行设置。

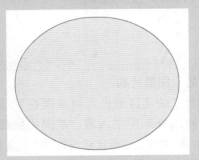

03 ▶ 以"绘制对象"模式，在舞台中单击并拖动鼠标，绘制椭圆形状。

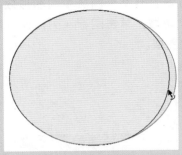

04 ▶ 使用"选择工具"调整椭圆的形状，效果如图所示。

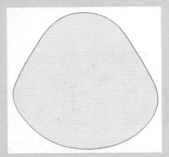

05 ▶ 使用相同的方法，完成其他部分形状的调整，效果显示如图所示。

06 ▶ 选择"直线工具"，将其切换为"合并绘制"模式。

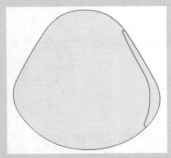

07 ▶ 绘制直线，并使用"选择工具"进行调整，效果如图所示。

08 ▶ 单击选择绘制直线右侧的图形，更改其"填充颜色"为 #FFCCCC，删除线条。

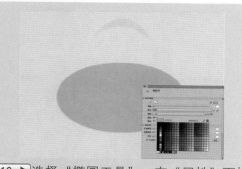

09 ▶使用相同的方法，完成相似内容的绘制，效果如图所示。

10 ▶选择"椭圆工具"，在"属性"面板中进行设置，绘制椭圆。

11 ▶使用"选择工具"，调整绘制椭圆的形状。

12 ▶使用相同的方法，完成其他相似内容的绘制。

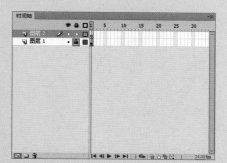

13 ▶选择绘制的图形，按 F8 键，在弹出的"转换为元件"对话框中进行设置。

14 ▶在"时间轴"面板中单击"新建图层"按钮，新建"图层 2"，并锁定"图层 1"。

15 ▶选择"椭圆工具"，设置"笔触颜色"为无，"填充颜色"为黑色，绘制椭圆，并使用"选择工具"进行调整。

16 ▶继续使用"椭圆工具"绘制形状，使用相同的方法，完成另一只眼睛的绘制，效果如图所示。

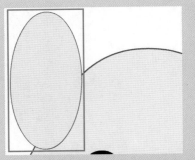

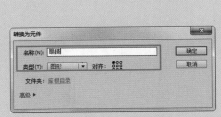

17 ▶ 使用相同的方法，将其转换为"眼睛"图形元件，并新建"图层 3"。

18 ▶ 选择"椭圆工具"，在"合并绘制"模式下，绘制椭圆。

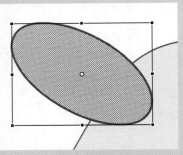

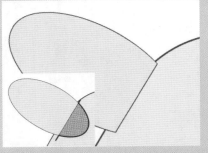

19 ▶ 使用"任意变形工具"，调整其旋转角度。

20 ▶ 使用"线条工具"绘制直线，并将多余的部分删除。

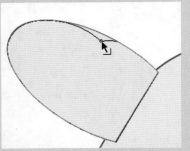

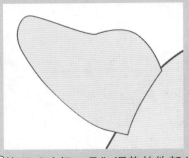

21 ▶ 选择"选择工具"，按住 Ctrl 键，单击并拖动调整形状。

22 ▶ 使用"选择工具"调整其他部分的形状，效果如图所示。

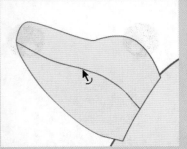

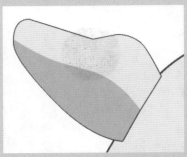

23 ▶ 使用"线条工具"绘制直线，并调整其形状。

24 ▶ 选择绘制直线下方的图形，更改其"填充颜色"为 #FFCCCC，并删除线条。

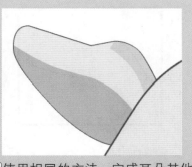

25 ▶ 使用相同的方法，完成耳朵其他部分的制作，将该图层放置在"图层1"的下方。

26 ▶ 选择绘制的图形，按 F8 键将其转换为"耳朵"图形元件。

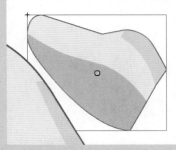

27 ▶ 按住 Alt 键，单击并拖动"耳朵"元件，复制图形。

28 ▶ 执行"修改>变形>水平翻转"命令，并调整"耳朵"元件的位置。

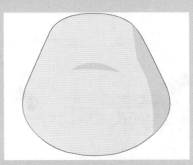

29 ▶ 使用相同的方法，绘制小猪的身子，效果如图所示。

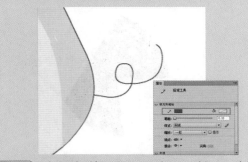

30 ▶ 选择"铅笔工具"，在"属性"面板中进行设置，绘制形状。

31 ▶ 选择绘制的图形，按 F8 键将其转换为"身子"图形元件。

32 ▶ 使用"选择工具"选择"身子"元件，调整其位置。

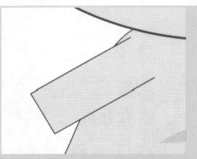

33 ▶ 使用"矩形工具"绘制矩形，并调整其旋转角度，并将不需要的笔触删除。

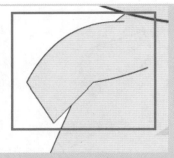

34 ▶ 使用"选择工具"调整图形的形状，效果如图所示。

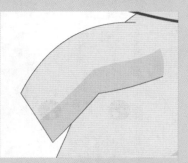

35 ▶ 使用"线条工具"绘制直线并进行调整，更改下方图形颜色为 #FFCCCC，删除线条。

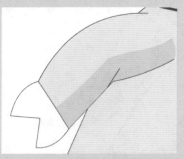

36 ▶ 使用"线条工具"绘制直线，使用"选择工具"调整其形状。

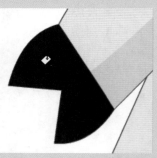

37 ▶ 选择"颜料桶工具"，设置"填充颜色"为 #330000，单击填充颜色。

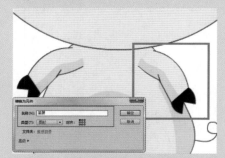

38 ▶ 选择图形，按F8键将其转换为"胳膊"图形元件，并完成另一只胳膊的制作。

39 ▶ 使用相同的方法，完成剩余部分的制作，效果如图所示。

40 ▶ 完成实例的制作，按快捷键 Ctrl+Shift+S，将其保存为"源文件 \ 第 6 章 \6-6. fla"。

提问：如何将"合并绘制"模式图形转换为"对象绘制"模式图形？

答：选择需要转换的形状，执行"修改 > 合并对象 > 联合"命令，即可将其转换为基于矢量的绘制对象。

6.7 本章小结

本章主要讲解了一些关于 Flash 绘制动画的基础知识，以及通过实例的制作讲解 Flash 在动物角色动画制作中的综合运用。通过本章的学习，读者可以掌握 Flash 绘制的方法和技巧。

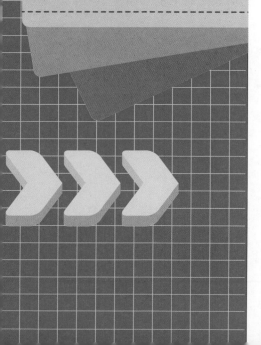

第 7 章 绘制人物角色

在制作 Flash 动画的过程中，经常需要完成一些人物角色动画的制作。而绘制人物角色，常常都是使用第三方绘图软件，例如 Photoshop 和 CorelDraw 等。但是用户却忽略了 Flash 本身所具有的强大绘图功能。本章将向用户介绍如何使用 Flash 绘制出精美漂亮的角色人物效果。

7.1 使用图形元件与按钮元件

Flash 中的元件类型分 3 种，分别为图形、按钮和影片剪辑，通过这 3 种不同元件可以制作出丰富的 Flash 动画效果。下面将重点为用户介绍图形元件和按钮元件。

7.1.1 图形元件

图形元件是构成 Flash 动画的基本元素之一，在时间轴的显示中只有单独的一帧，所以图形元件的体积相对其他的元件要小很多。

在制作 Flash 时，图形元件可以被重复多次使用，并且不会增加文件的体积，在制作 Flash 动画时，要尽可能使用图形元件来减小文件的体积。

单独的一帧

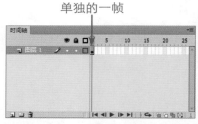

7.1.2 图形元件的创建与编辑

执行"插入 > 新建元件"命令，打开"创建新元件"对话框，在该对话框中输入元件的名称，选择图形元件类型，单击"确定"按钮即可创建一个图形元件。

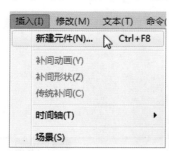

　　如果用户需要对已经完成创建的图形元件进行编辑，可以通过双击场景中的图形元件、双击"库"面板中的元件或执行"编辑 > 编辑元件"命令来进入该元件的编辑状态。完成编辑后，单击窗口左上角的"场景 1"即可回到场景中。

  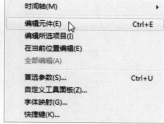

实例 25+ 视频：绘制简单的人物轮廓

　　在学习人物角色的绘制之前，首先需要熟悉一下人物的构成和人物基本轮廓的绘制方法，下面将通过实例的形式向用户介绍如何通过 Flash 制作一个简单的人物轮廓。

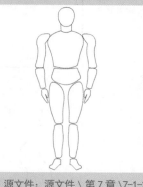 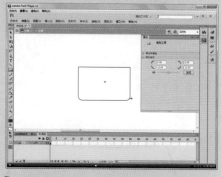

源文件：源文件 \ 第 7 章 \7-1-2.fla 　　操作视频：视频 \ 第 7 章 \7-1-2.swf

01 ▶ 执行"文件 > 新建"命令，在弹出的对话框中设置各项参数。

02 ▶ 执行"插入 > 新建元件"命令，新建一个"名称"为"头部"的"图形"元件。

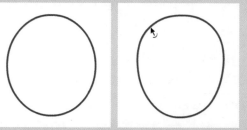 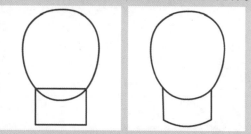

03 ▶ 设置"填充颜色"为"无"、"笔触颜色"为 #006633，使用"椭圆工具"绘制一个椭圆，并使用"选择工具"对椭圆进行调整。

04 ▶ 新建一个图层，使用"矩形工具"绘制一个矩形。使用"选择工具"将矩形上面的线条选中并删除，并调整下部的形状。

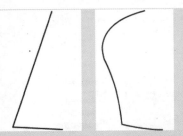

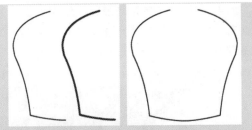

05 ▶ 新建一个"名称"为"胸口"的"图形"元件，使用"直线工具"在画布中进行绘制，并使用"选择工具"进行调整。

06 ▶ 使用"移动工具"将线条全部选中，按住 Alt 键拖动并复制一个，执行"修改 > 变形 > 水平翻转"命令。

07 ▶ 新建一个"名称"为"盆骨"的"图形"元件，单击"基本矩形工具"按钮，在"属性"面板中进行参数设置。

08 ▶ 在画布中单击并进行拖动，绘制出一个顶部直角、下部圆角的形状。

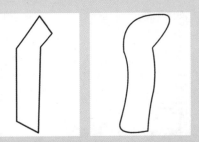

09 ▶ 按快捷键 Ctrl+B 将该形状打散，使用"选择工具"调整形状的外部轮廓。

10 ▶ 新建一个"名称"为"大臂"的"图形"元件，使用"线条工具"绘制并进行调整。

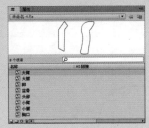

11 ▶ 使用相同的方法绘制其他身体部位的轮廓图。

12 ▶ 将所有的图形元件拖曳到"场景 1"中，并对其进行组合，完成人物轮廓的绘制。

提问：为什么要在 Flash 动画中使用元件？

答：在 Flash 中，元件可以重复性地使用，并且在需要修改元件时，只需对一个元件进行修改，即可将整个动画中其他所有使用了该元件的实例全部修改。在制作 Flash 时，通过这些元件的特性，可以大大缩短用户的工作时间。

7.1.3　按钮元件

按钮元件是 Flash 中创建用于响应鼠标事件的交互式图像，例如在这个交互式图像上进行鼠标的单击、滑过、弹起等动作时，该图像将会根据设置呈现不同的效果。

7.1.4　按钮元件的创建与编辑

按钮元件的创建方法与图形元件基本相同，只是需要在"类型"下拉列表中选择"按钮"选项。

每个按钮元件的时间轴中都具有"弹起"、"指针经过"、"按下"和"点击"4种状态。"弹起"状态是设置鼠标未对按钮元件进行任何事件时的状态；"指针经过"状态是设置鼠标经过"按钮"元件时的状态；按下状态是设置鼠标单击按钮时的状态；"点击"状态是用于控制响应鼠标动作范围的反应区，只有当鼠标放置在反应区内，按钮元件才会播放相应的动画。

 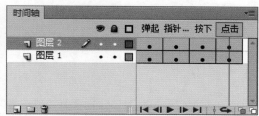

按钮元件的编辑方法与图形元件的编辑方法基本相同，用户如果需要对按钮元件进行编辑，可以参考本章的 7.1.2 小节。

 在"点击"状态中的图形或元件在Flash动画发布后是不可见的。如果用户并没有为"点击"状态添加内容，反应区默认的是按钮元件的"按下"状态中的图形所占据的区域。

实例 26+ 视频：绘制漂亮的按钮人物

本实例将绘制一个漂亮的人物按钮，其中主要使用了按钮元件、线条工具和椭圆工具，通过本实例的制作，可以帮助用户更加细致地了解这些工具的应用方法和技巧。

 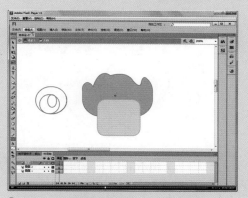

⌂ 源文件：源文件 \ 第 7 章 \7-1-4.fla　　　📶 操作视频：视频 \ 第 7 章 \7-1-4.swf

01 ▶ 执行"文件 > 新建"命令，在弹出的对话框中设置各项参数。

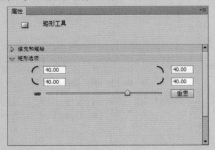

03 ▶ 单击"矩形工具"按钮，设置"填充颜色"为 #F87F11，"笔触颜色"为 #FF0000，并对"属性"面板进行设置。

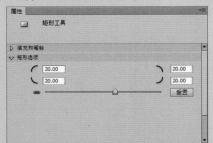

05 ▶ 设置"矩形工具"的"矩形选项"，设置"填充颜色"为 #E4B989，"笔触颜色"为 #E4B989。

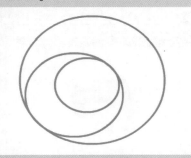

07 ▶ 新建一个图层，设置"填充颜色"为"无"，"笔触颜色"为 #FF0000。使用"椭圆工具"在画布中绘制 3 个椭圆。

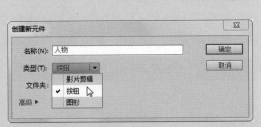

02 ▶ 执行"插入 > 新建元件"命令，新建一个"名称"为"人物"的"按钮"元件。

04 ▶ 在画布中单击并绘制一个圆角矩形。使用"选择工具"配合键盘上的 Ctrl 键和 Alt 键在圆角矩形的边缘进行拖曳。

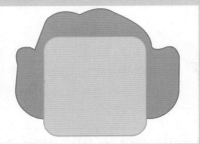

06 ▶ 新建一个图层，在舞台中绘制一个圆角矩形。

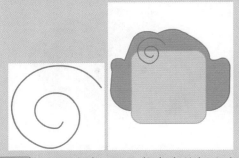

08 ▶ 使用"套索工具"将多余的部分选中并删除，制作出螺旋的效果，将其移动到人物的头发上。

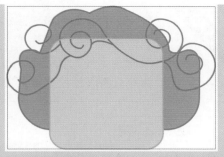

09 ▶ 使用相同的方法完成其他头发的制作，并使用"直线工具"将其封闭。

10 ▶ 将所有图层选中，执行"修改＞合并对象＞联合"命令，将图层中的内容合并。

11 ▶ 按快捷键 Ctrl+B 将图形打散，设置"填充颜色"为 #F87F11，使用"颜料桶工具"对头发进行填充，并将多余的线条删除。

12 ▶ 使用相同的方法制作出人物的五官和身体。

13 ▶ 选中"图层 3"到"图层 7"的"指针经过"状态，按 F6 键插入关键帧，并将"图层 4"以外的所有图层全部锁定。

14 ▶ 使用"矩形工具"在"图层 4"的"指针经过"状态中制作出人物张嘴的效果，并绘制出人物的牙齿。

15 ▶ 返回到"场景 1"中，打开"库"面板，将其中刚刚创建的按钮元件拖曳到舞台中。

16 ▶ 执行"文件＞保存"命令，将动画保存为"源文件 \ 第 7 章 \7-1-4.fla"，按快捷键 Ctrl+Enter 测试动画效果。

提问：为什么无法对实例中制作的卷发部分填充颜色？

答：要使用"颜料桶工具"填充颜色的对象必须是闭合路径才可以，用户在绘制完成后，很可能会因为某个接口没有闭合，而无法为其填充颜色。此时用户只需仔细检查每个接口即可。

7.2 线条工具

使用线条工具可以绘制出不同效果的直线段，用户可以根据需要在"属性"面板中对线条工具的笔触和样式进行调整设置。

7.2.1 线条笔触

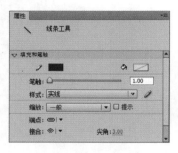

线条笔触用于控制绘制线条的粗细，系统默认的笔触是 1 像素，通过在"属性"面板中的"笔触"文本框中输入 0.1~200 的数值，即可控制笔触的粗细。

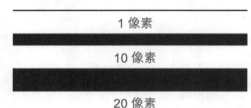

1 像素

10 像素

20 像素

提示

通过调整"属性"面板中的"缩放"选项，可以设置放大图形时，笔触是否随图形一起放大。

➡ 实例 27+ 视频：绘制可爱的小男孩

本实例主要介绍了如何使用"线条工具"绘制出一个可爱的小男孩，在实例中因为人物每个部位的轮廓不同，所以线条的粗细也就不同。通过本实例的制作，用户可以掌握"笔触高度"的使用方法和技巧。

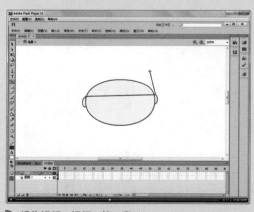

🏠 源文件：源文件 \ 第 7 章 \7-2-1.fla　　　🔊 操作视频：视频 \ 第 7 章 \7-2-1.swf

01 ▶ 执行"文件 > 新建"命令，在弹出的对话框中设置各项参数。

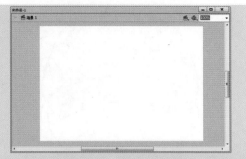

02 ▶ 单击"确定"按钮，新建一个空白的 Flash 文档。

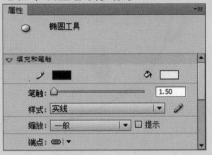

03 ▶ 单击"椭圆工具"按钮，在"属性"面板中设置"填充颜色"为 #FFF3E7，"笔触颜色"为 #57432B，"笔触高度"为 1.50。

04 ▶ 在画布中绘制一个椭圆，使用"选择工具"对其进行调整，制作出人物头部的图形效果。

05 ▶ 将"填充颜色"设置为"无"，在头部两边绘制两个椭圆。将多余的线条删除,使用"颜料桶工具"为其填充颜色为 #FFF3E7。

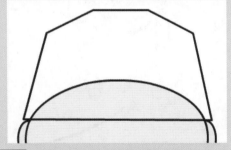

06 ▶ 新建一个图层，使用"线条工具"在画布中绘制一个多边形效果。

07 ▶ 使用"选择工具"调整多边形的线条，使其更加圆滑。

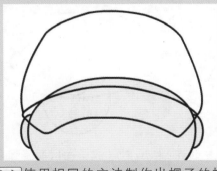

08 ▶ 使用相同的方法制作出帽子的帽檐部分。

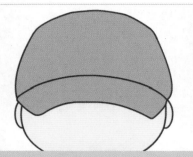

09 ▶ 设置"填充颜色"为 #A2D1D7，使用"颜料桶工具"为帽子填充颜色。

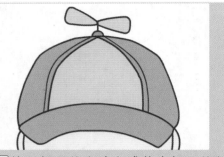

10 ▶ 使用相同的方法完成整个帽子的制作，并填充相应的颜色。

11 ▶ 新建"图层 3"，使用"椭圆工具"和"线条工具"制作出人物的五官。

12 ▶ 单击"椭圆工具"按钮，设置"填充颜色"为 #F9D0CC，"笔触颜色"为"无"，在人物的眼睛下方绘制一个椭圆。

13 ▶ 选中刚刚绘制的椭圆，执行"修改 > 形状 > 柔化填充边缘"命令。

14 ▶ 单击"线条工具"，设置其笔触为 #57432B，在画布中绘制一个多边形效果。

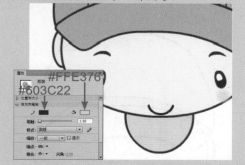

15 ▶ 新建"图层 4"，将该图层调整到"图层"面板的最下方，使用"椭圆工具"在画布中绘制一个椭圆。

16 ▶ 在"属性"面板中设置"笔触高度"为 1.00，再次绘制一个椭圆。

17 ▶ 单击"线条工具"按钮，在"属性"面板中设置"笔触高度"为 1.50，在画布中绘制出人物的其他部分。

18 ▶ 使用"颜料桶工具"对人物的身体部分进行填充。执行"文件 > 保存"命令，将文档保存为"源文件 \ 第 7 章 \7-2-1.fla"。

提问：为什么要使用"线条工具"绘制图像？

　　答：首先使用"线条工具"可以更加容易地控制图形的轮廓粗细。其次，在绘制一些不规则的图形时，使用"椭圆工具"或"矩形工具"调整起来太过烦琐，而使用"线条工具"只需绘制出大致的轮廓，然后稍加调整即可完成。

7.2.2　线条样式

　　在 Flash 中绘制角色动画时，经常会使用到"线条工具"，通过对该工具"属性"面板中"样式"的设置，可以绘制出不同的线条，以满足不同情况的绘制要求。

　　选择"线条工具"，在"属性"面板中单击"样式"下拉列表，即可看到

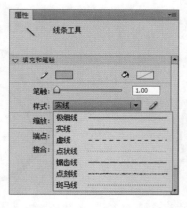

所有供选择的线条样式。单击"样式"下拉列表后面的"编辑笔触样式"按钮，即可打开"笔触样式"对话框，在该对话框中可以对"线条工具"绘制出的效果进行具体的设置。

　　如果设置线条样式为"极细线"，那么无论动画的画面放大多少倍，绘制出的线条在屏幕上始终显示为 1 像素。

▶ 实例 28+ 视频：绘制可爱的小女孩

　　本实例绘制的是一个可爱的小女孩，在绘制的过程中主要运用了"线条工具"。通过本实例的学习，读者可以基本掌握"线条工具"的使用方法和技巧。

源文件：源文件 \ 第 7 章 \7-2-2.fla

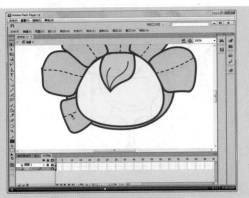

操作视频：视频 \ 第 7 章 \7-2-2.swf

01 ▶ 执行"文件 > 新建"命令，单击"确定"按钮，新建一个默认大小的空白文档。

02 ▶ 选择"椭圆工具"，在"属性"面板中进行设置。

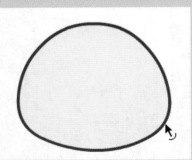

03 ▶ 在舞台中单击并拖动鼠标，绘制椭圆，并使用"选择工具"进行调整。

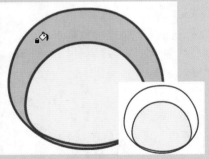

04 ▶ 使用相同的方法绘制一个"填充颜色"为无的椭圆并进行调整，填充颜色为 #FBB7B4。

05 ▶ 新建"图层 2"，使用相同的方法绘制椭圆并进行调整，选择"线条工具"。

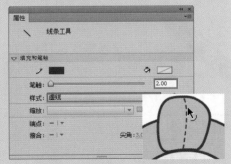

06 ▶ 在"属性"面板中设置"样式"为"虚线"，绘制虚线并进行调整。

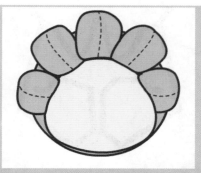

07 ▶ 使用相同的方法，完成其他相似内容的绘制。

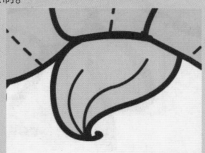

09 ▶ 使用相同的方法，绘制直线并进行调整，填充颜色为 #E6E3B8。

11 ▶ 绘制椭圆并进行调整，使用相同的方法，绘制另一个椭圆。

13 ▶ 新建"图层 3"，使用"椭圆工具"绘制椭圆，并使用"线条工具"绘制直线。

08 ▶ 在"图层 1"中使用"线条工具"绘制直线和虚线，进行调整，并填充颜色为 #FBB7B4。

10 ▶ 使用"线条工具"绘制直线并进行调整，选择"椭圆工具"。

12 ▶ 使用"线条工具"绘制直线并进行调整。使用相同的方法，完成另一只眼睛的绘制。

14 ▶ 使用"选择工具"进行调整，并填充颜色为 #FBB7B4。

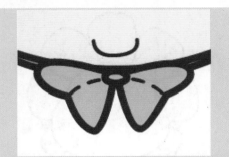

15 ▶ 使用相同的方法绘制虚线，效果如图所示。

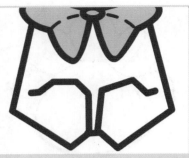

16 ▶ 使用"线条工具"绘制直线，效果如图所示。

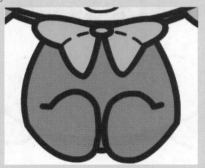

17 ▶ 使用"选择工具"进行调整，并填充颜色为 #E97B7C。

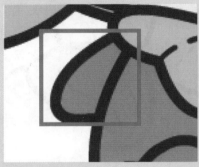

18 ▶ 使用相同的方法，绘制左胳膊，效果如图所示。

19 ▶ 使用相同的方法，完成剩余部分的绘制，完成实例的制作。

20 ▶ 按快捷键 Ctrl+Shift+S，将其保存为"源文件 \ 第 7 章 \7-2-2.fla"。

提问：
提问："线条工具"的"样式"有几种？

　　答：在"线条工具"的"属性"面板中可以设置的"样式"一共有 7 种，分别是"极细线"、"实线"、"虚线"、"点状线"、"锯齿线"、"点刻线"和"斑马线"。

7.3 渐变填充

　　渐变是一种多色填充，是由一种颜色过渡到另一种颜色的填充效果。在 Flash 中具有两种不同类型的渐变，分别为线性渐变和径向渐变，通过使用这两种渐变，用户可以创建出多达 15 种颜色的渐变效果。

7.3.1　线性渐变

执行"窗口 > 颜色"命令，将"颜色"面板打开，在该面板中的"颜色类型"下拉列表中选择"线性渐变"选项，可以显示出关于线性渐变的相关选项。

完成设置后，在画布中使用任意一种绘制工具即可绘制出填充为线性渐变的形状。完成绘制后，如果用户对渐变的角度不满意，可以使用"渐变变形工具"对渐变的角度以及位置进行调整。

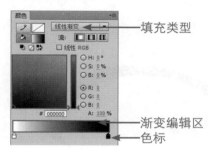

填充类型　渐变编辑区　色标

● **填充类型**

在该下拉列表中可以选择填充的类型，有"无"、"纯色"、"线性渐变"、"径向渐变"和"位图填充"5 种填充方式。

● **渐变编辑区**

在渐变编辑区中可以添加和删除渐变色标，还可以修改每个色标的颜色。

将鼠标移动到渐变编辑区中，当鼠标

变成形态时单击，即可在鼠标的位置添加一个色标。

如果用户需要将多余的色标删除，可以将鼠标移动到需要删除的色标位置，按住鼠标左键并进行拖动，将其拖离渐变编辑区，即可删除渐变色标。

➡ 实例 29+ 视频：绘制动漫人物的眼睛

本实例主要通过"线性渐变"绘制出一个动漫人物的眼睛，通过本实例的制作，可以帮助用户进一步加深对"线性渐变"的认识，并掌握使用技巧。

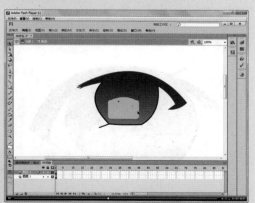

源文件：源文件 \ 第 7 章 \7-3-1.fla　　操作视频：视频 \ 第 7 章 \7-3-1.swf

01 ▶ 执行"文件＞新建"命令，新建一个空白的 Flash 文档。

02 ▶ 执行"插入＞新建元件"命令，新建一个"名称"为"眼睛"的"图形"元件。

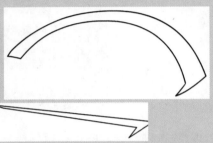

03 ▶ 在新建的图形元件中单击"直线工具"按钮，设置"笔触颜色"为 #000000，绘制出眼睛睫毛的效果。

04 ▶ 设置"填充颜色"为 #521D00，使用"颜料桶工具"对睫毛进行填充，将线条选中并删除，按住 Ctrl 键调整睫毛的尾端。

05 ▶ 使用相同的方法，通过"线条工具"绘制出眼睛的大致轮廓。

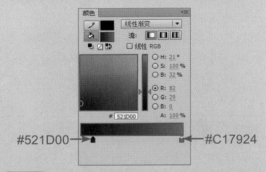

06 ▶ 单击"颜料桶工具"，在"颜色"面板中设置填充类型为"线性渐变"。

07 ▶ 为眼睛填充线性渐变效果，并使用"渐变变形工具"调整渐变的角度和位置。

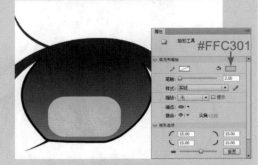

08 ▶ 新建"图层 2"，单击"矩形工具"按钮，进行属性设置，在画布中绘制一个圆角矩形。

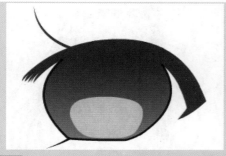

09 ▶使用 "选择工具" 对圆角矩形进行调整，制作出瞳孔的效果。

10 ▶新建 "图层 3"，使用 "椭圆工具" 在瞳孔中进行绘制，并为其填充线性渐变。

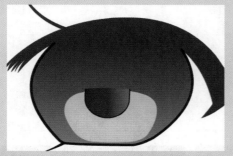

11 ▶将 "图层 3" 以外的所有图层锁定，使用 "选择工具" 框选椭圆的上半部分，按 Delete 键将其删除。

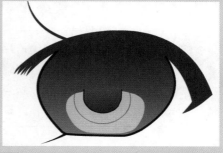

12 ▶使用 "渐变变形工具" 对其中的渐变进行调整。使用相同方法绘制一个 "填充颜色" 为 "无" 的椭圆，并删除上半部分。

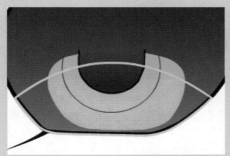

13 ▶新建 "图层 4"，设置 "笔触颜色" 为 #FFFF00，使用 "线条工具" 在画布中进行绘制。

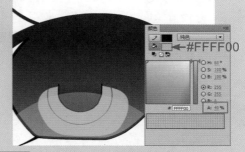

14 ▶设置 "颜色" 面板，在绘制的形状中使用 "颜料桶工具" 进行填充，并将线条删除。

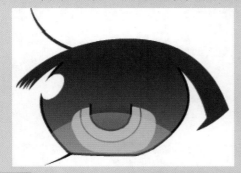

15 ▶新建 "图层 5"，使用 "刷子工具" 在画布中涂抹出一个填充为 #FFFFFF 的椭圆。

16 ▶使用相同的方法涂抹出其他位置的高光区域。

17 ▶ 返回"场景1"中，按快捷键 Ctrl+R，将"素材\第7章\73101.jpg"图像导入。

18 ▶ 新建一个图层，从"库"面板中拖曳出"眼睛"元件，并将其放置到人物的眼睛位置。

提问：怎样才能快速应用一些常用的渐变颜色？

答：如果用户有一些经常使用的渐变颜色，为了节省每次编辑渐变颜色的时间，用户可以单击"颜色"面板右上角的三角形按钮，在弹出的菜单中选择"添加样本"选项，即可将渐变颜色保存到"样本"面板中。

7.3.2 径向渐变

在"颜色"面板中将填充类型选择为"径向渐变"选项，即可在画布中填充出径向渐变效果的图形，径向渐变的使用方法和线性渐变的使用方法相同。

实例 30+ 视频：游戏角色人物绘制 1

在学习人物角色的绘制之前，首先需要熟悉一下人物的构成和人物基本轮廓的绘制方法，下面将通过实例的形式向用户介绍如何通过 Flash 制作一个简单的人物轮廓。

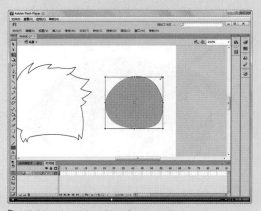

🏠 源文件：源文件\第7章\7-3-2（1）.fla

🔊 操作视频：视频\第7章\7-3-2（1）.swf

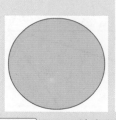 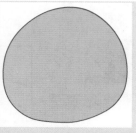

01 ▶ 设置"填充颜色"为"无","笔触颜色"为#000000，使用"线条工具"绘制人物头发的效果，并使用"选择工具"进行调整。

02 ▶ 设置"填充颜色"为#FFBB92，"笔触颜色"为#AE4600，使用"椭圆工具"绘制一个椭圆，并使用"选择工具"进行调整。

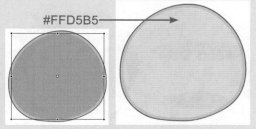

#FFD5B5 ➡

03 ▶ 选中椭圆的填充，按快捷键 Ctrl+C 进行复制，按快捷键 Ctrl+Shift+V 进行粘贴，并使用"任意变形工具"调整粘贴图形的大小。

04 ▶ 使用"选择工具"将调整好的面部全部选中，并移动到头发上，新建一个图层，使用"直线工具"继续绘制头发轮廓。

#E27963
#661700

05 ▶ 使用"选择工具"对刘海线条进行调整。将线条全部选中，按快捷键 Ctrl+X 进行剪切，选择"图层 1"，按快捷键 Ctrl+Shift+V 进行粘贴。

06 ▶ 将图像中多余的面孔部分删除。单击"颜料桶工具"按钮，打开"颜色"面板，设置填充类型为"径向渐变"。

高光 ➡

阴影 ➡

07 ▶ 使用"颜料桶工具"对人物的头发进行填充，并使用"渐变变形工具"对渐变的角度、位置和大小进行调整。

08 ▶ 修改"填充颜色"为#661700，使用"颜料桶工具"对人物头发的剩余部分进行填充。

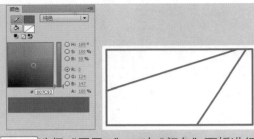

09 ▶ 选择"图层2",对"颜色"面板进行设置,使用"矩形工具"绘制一个矩形,并使用"线条工具"在矩形中绘制两条线段。

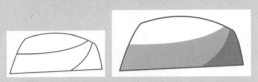

10 ▶ 使用"选择工具"对矩形以及矩形中的线条进行调整,使用"颜料桶工具"将其填充颜色为#3EE2FF和#00A8C6,并将多余的线条删除。

11 ▶ 将"图层2"调整到"图层1"的下方,使用"选择工具"将帽子全部选中,并移动到头发上。

12 ▶ 新建"图层3",使用"椭圆工具"绘制两个"填充颜色"为#990000,"笔触颜色"为"无"的椭圆,并使用"选择工具"进行调整。

13 ▶ 使用"椭圆工具"绘制一个"填充颜色"为#FFFFFF,"笔触颜色"为#990000的椭圆。

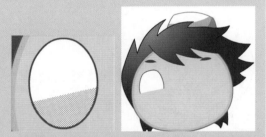

14 ▶ 将"图层1"和"图层2"锁定,使用"套索工具"的"多边形模式",将椭圆的下半部分选中并删除。使用"选择工具"将其进行调整。

高光

15 ▶ 使用"刷子工具"涂抹出眼睛的瞳孔。使用相同的方法制作出人物面部。新建"图层4",通过"刷子工具"涂抹出头发的反光效果。

16 ▶ 新建"图层5",使用"线条工具"和"选择工具"绘制并调整出人物的轮廓,并使用"颜料桶工具"对其进行填色。

实例 31+ 视频：游戏角色人物绘制 2

在上一个实例中，我们使用"径向渐变"制作了一个可爱的游戏角色人物，下面将继续完善该游戏人物的制作。

源文件：源文件 \ 第 7 章 \7-3-2（2）.fla

操作视频：视频 \ 第 7 章 \7-3-2（2）.swf

01 ▶ 新建"图层 6"，使用"矩形工具"绘制一个矩形，在"属性"面板中设置"矩形工具"的边角半径值为 30.00，绘制两个圆角矩形。

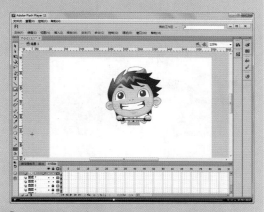

02 ▶ 新建一个图层，使用"线条工具"绘制出人物手部的大致轮廓。使用"选择工具"对线条进行调整，并对其进行颜色填充。

03 ▶ 使用"刷子工具"在手背上进行涂抹，制作出高光的效果。使用相同的方法制作出另一只手，并将两只手放置到车把上。

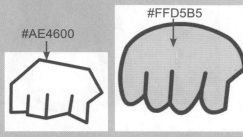

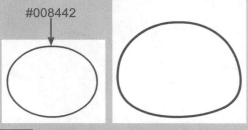

04 ▶ 新建"图层 8"，使用"椭圆工具"绘制一个椭圆，并使用"选择工具"对其进行调整。

05 ▶ 绘制一个边角半径值为 30.00 的圆角矩形。使用"选择工具"对圆角矩形进行调整，删除多余的线条，并进行颜色填充。

06 ▶ 使用"钢笔工具"在舞台中进行绘制。并使用"颜料桶工具"将绘制出的图像填充为白色，完成后将笔触线条删除。

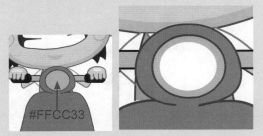

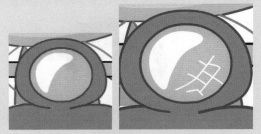

07 ▶ 使用"椭圆工具"在舞台上绘制两个叠加在一起的椭圆，制作出摩托车车灯的效果。

08 ▶ 使用"选择工具"对车灯中的白色区域进行调整，制作出高光的效果。使用"铅笔工具"在车灯中进行绘制，对高光进行修饰。

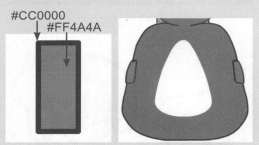

09 ▶ 使用"矩形工具"绘制一个矩形，使用"选择工具"对其进行调整。对图形进行复制和水平翻转，并将其放置到合适的位置。

10 ▶ 使用"刷子工具"涂抹出车灯的高光效果。

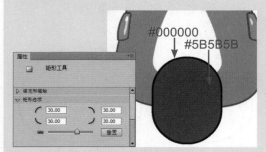

11 ▶ 新建"图层 9"，单击"矩形工具"按钮，在"属性"面板中设置边角半径值为 30.00，在舞台中绘制一个圆角矩形。

12 ▶ 修改"填充颜色"为 #661700，使用"颜料桶工具"对人物头发的剩余部分进行填充。

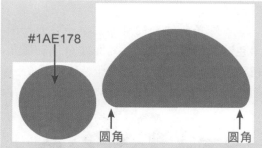

13 ▶ 新建 "图层 10"，使用 "椭圆工具" 绘制一个椭圆，使用 "选择工具" 框选其一半并删除。继续使用 "选择工具" 进行调整。

14 ▶ 设置 "笔触颜色" 为 #336600，使用 "墨水瓶工具" 为半圆添加笔触。将半圆拖动到轮胎上制作出前轮挡泥板的效果。

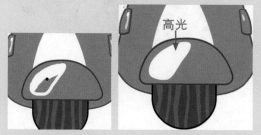

15 ▶ 使用 "刷子工具" 在刚刚绘制的形状上涂抹白色的填充颜色，制作出前轮挡泥板上的高光效果。

16 ▶ 新建 "图层 11"，将该图层调整到 "图层 7" 的上方。使用相同的方法制作出人物的腿部。按快捷键 Ctrl+S，对文档进行保存。

提问：高光是什么？有什么作用？

答：高光是指画面最亮的位置，表现的是物体直接折射光源的部分。可以让打上高光的地方看上去有突出、明显的效果，而侧影就是暗色，让物体看上去后退，或者看上去不明显。这样可以使物体看上去更加立体，轮廓鲜明。

7.4 角色设计和制作要点

　　动画角色是 Flash 创作中经常会遇到的创作元素，因此人物的制作对于动画设计师来说是必须掌握的关键技术之一。

　　相信通过上面的实例制作，用户已经掌握了一些人物角色绘制的方法和基础，下面将详细向用户介绍动画角色绘制的相关知识。

7.4.1 动画角色的分类

　　人物动画角色的制作类型分为两类：一般动画角色和特殊动画角色，掌握了动画角色的分类之后，就会清楚自己将要创作的 Flash 动画作品中如何设计动画角色。

● **一般动画角色**

　　一般动画角色是生活中接触最多的动画角色，这些角色很接近现实生活，身体的比例基本都是按照现实生活中真实人物

的身体比例进行设计制作的，有时候也会稍微加以夸张。

　　这种类型的动画由于具有一定的写实性，因此在设计制作中需要精确地把握好

人物的细节。

● **特殊动画角色**

特殊动画角色的设计空间相对于一般动画角色而言要大得多，可以是任何形式

的设计手法。

特殊角色动画的身体比例不会有一般角色动画的诸多局限性，例如 Q 版动画角色和漫画卡通角色等，都属于特殊动画角色。

7.4.2 动画人物角色设计和制作要点

在制作 Flash 动画时，动画角色的制作要从最初的身体比例开始，因为动画角色的身体比例在动画角色的制作中非常重要。

● **动画人物角色身体比例**

在绘制一般动画人物角色时，身体比例通常是以头部的高度作为衡量标准，身高约为 6~7 个头部的高度，上半身约为 2 个头部的高度，下半身约为 3~3.5 个头部的高度。

具体身体的绘制，应该以球体或者圆柱体作为基准来衡量，因为这两种形状比较容易掌握，同时也比较接近身体的形状。

特殊动画人物角色最大的好处在于它的想象空间非常大，因此也就出现了其他一些身体比例，例如头部和身体的比例为

1：1 或者 1：9 等非常夸张的身体比例。

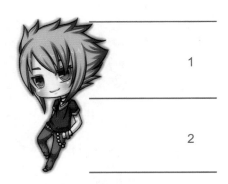

● **动画人物角色的设计类型**

现在的动画角色从制作手法上分为两种方式：一是传统的制作方法，这种制作方法是运用画笔和纸张等传统工具进行动画角色的绘制和创作；二是现代化的制作方法，就是运用电子产品，例如计算机等制作工具进行动画角色的创作。

目前动画角色主要分为以下几种。

1. Q 版动画角色

Q 版动画角色自从产生并传到国内以后，迅速流行了起来，夸张的卡通形式也

非常受人欢迎。

　　这种类型的角色在制作时可发挥空间很大，角色可以随意设计，基本不需要遵循任何的规则，从效果上看，Q 版人物应该是属于可爱一类的。

2. 立体效果的动画角色

　　现在很多设计师开始使用计算机进行动画角色设计，使得制作手法越来越新颖，从而产生了 2D 和 3D 效果的角色动画效果，有些是利用高光、阴影制作出立体的效果，还有一些是直接利用 2D 和 3D 的制作软件

制作出纯粹的立体效果。

3. 传统动画角色

　　这一类的动画是指我们所接触的大部分动画形式，例如漫画中正常的动画角色。

实例 32+ 视频：游戏角色人物绘制 3

　　在上一个实例中，我们使用"径向渐变"制作了一个可爱的游戏角色人物，下面将继续完善该游戏人物的制作。

源文件：源文件 \ 第 7 章 \7-4-2. fla

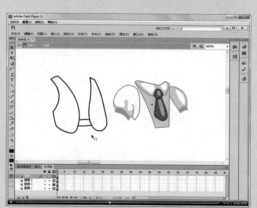

操作视频：视频 \ 第 7 章 \7-4-2. swf

01 ▶执行"文件 > 新建"命令,在弹出的对话框中设置各项参数,单击"确定"按钮。

02 ▶执行"插入 > 新建元件"命令,新建一个"名称"为"底层头发"的"图形"元件。

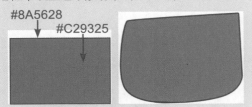

#8A5628 #C29325

03 ▶使用"矩形工具"绘制一个矩形形状,并通过"选择工具"进行调整。

#EFC459 #A77D23

04 ▶使用"刷子工具"对形状进行涂抹。新建一个图层,再次绘制一个矩形形状。

05 ▶使用"选择工具"对矩形形状进行调整,并将其移动到第一个矩形上。

#CDAE4F #E8CB70

06 ▶使用"刷子工具"对形状进行涂抹。新建一个图层,再次绘制一个矩形形状。

07 ▶执行"插入 > 新建元件"命令,新建一个"名称"为"面部"的"图形"元件。

#442713

08 ▶单击"椭圆工具"按钮,在舞台中绘制一个椭圆形状,并使用"选择工具"进行调整。

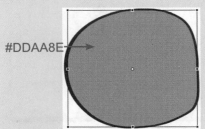

#DDAA8E

09 ▶选中图形,按快捷键 Ctrl+C 和 Ctrl+V 进行复制和粘贴,并使用"自由变换工具"调整复制图形的大小。

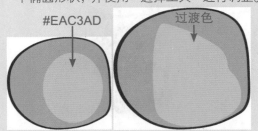

#EAC3AD 过渡色

10 ▶新建"图层 2",单击"椭圆工具"按钮,在舞台中绘制一个"笔触颜色"为"无"的椭圆形状,并使用"选择工具"进行调整。

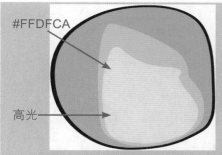

#FFDFCA

高光

11 ▶ 使用相同的方法制作出人物面部的高光区域。

#004068 →

13 ▶ 使用相同的方法再次制作两个椭圆，并将其与上一步中的椭圆叠加在一起。

15 ▶ 使用相同的方法制作出人物面孔的其他部分。

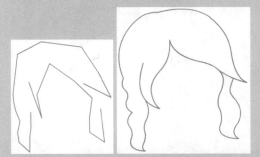

17 ▶ 使用"线条工具"绘制出人物头发的大致轮廓，再通过"选择工具"进行调整。

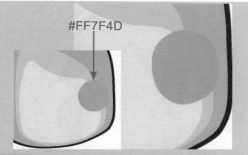

#FF7F4D

12 ▶ 使用"椭圆工具"绘制一个椭圆形状，并通过"选择工具"进行调整。

#FFFF7F →

14 ▶ 使用"刷子工具"涂抹出人物眼睛内的过渡颜色效果。

16 ▶ 使用"刷子工具"涂抹出人物眼睛内容的线条。

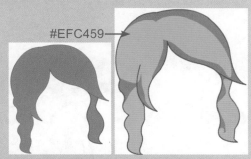

#EFC459 →

18 ▶ 新建一个图层，使用"刷子工具"的内部绘制模式，在头发中进行涂抹。

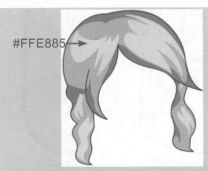

#FFE885

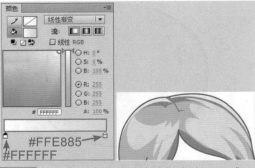

#FFE885
#FFFFFF

19 ▶ 继续使用"刷子工具"在人物的头发上进行涂抹。

20 ▶ 设置"填充颜色"为线性渐变，完成设置后使用"刷子工具"在头发的顶部进行涂抹。

21 ▶ 使用相同的方法，完成人物头发其余部分的制作。

22 ▶ 新建一个图层，使用"线条工具"绘制一个发夹的轮廓，并使用"选择工具"进行调整。

23 ▶ 使用"颜料桶工具"对发夹填充颜色。将"填充颜色"调整为白色，使用"椭圆工具"绘制一个正圆。

24 ▶ 关闭"笔触颜色"，使用椭圆工具在正圆形状的中心再次绘制一个正圆。将"填充颜色"调整为白色，在发夹的尾部绘制一个椭圆。

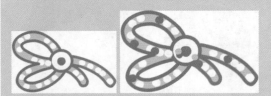

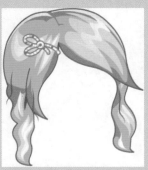

25 ▶ 使用"颜料桶工具"对发夹填充颜色。将"填充颜色"调整为白色，使用"椭圆工具"绘制一个正圆。

26 ▶ 将制作完成的发夹移动到人物的头发上，完成头发部分的全部制作。

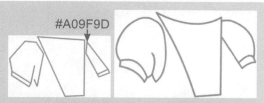

#A09F9D

27 ▶ 返回"场景 1"，新建一个"名称"为"衣服"的"图形"元件。

28 ▶ 使用"线条工具"绘制出衣服的大致轮廓，再通过"选择工具"进行调整。

#D6D3CC
阴影
高光

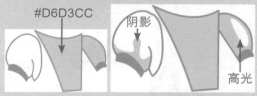

29 ▶ 使用"颜料桶工具"对衣服进行填充，并使用"刷子工具"涂抹出高光和阴影部分。

30 ▶ 新建一个图层，使用"线条工具"绘制出衣领的大致轮廓，再通过"选择工具"进行调整。

#000000

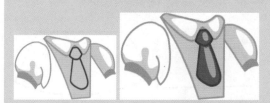

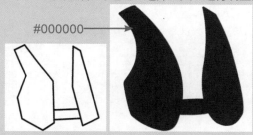

31 ▶ 新建"图层 3"，使用相同的方法完成衣服上领带的制作。

32 ▶ 新建"图层 4"，使用"线条工具"绘制出衣服外套的大致轮廓，再通过"选择工具"进行调整，并对其进行颜色填充。

线性渐变
#4A4D51

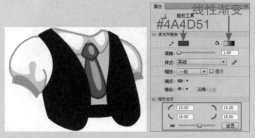

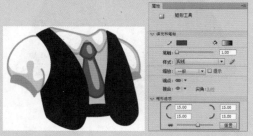

33 ▶ 将外套拖动到合适的位置上。单击"矩形工具"按钮，在"属性"面板中设置"填充颜色"为从白到黑的线性渐变。

34 ▶ 将外套拖动到合适的位置上。单击"矩形工具"按钮，在"属性"面板中设置"填充颜色"为从白到黑的线性渐变。

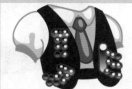

35 ▶ 新建"图层 5"，在舞台中绘制出一个圆角矩形，使用"渐变变形工具"调整圆角矩形中填充的渐变效果。

36 ▶ 使用相同的方法制作出其他服装上的饰品。

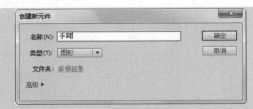

37 ▶返回"场景1",新建一个"名称"为"手臂"的"图形"元件。

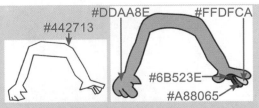

38 ▶绘制出手臂的大致轮廓,使用"选择工具"进行调整,并对其填充颜色。

过渡色 #FFDFCA　　高光 #FFFFFF

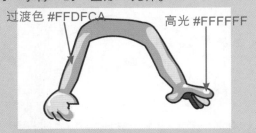

39 ▶使用"刷子工具"对手臂进行涂抹,涂抹出手臂上的过渡色和高光部分。

40 ▶新建一个图层,使用"线条工具"绘制出衣领的大致轮廓,再通过"选择工具"进行调整。

41 ▶返回"场景1",新建一个"名称"为"裙子"的"图形"元件。

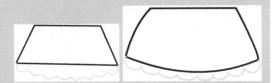

42 ▶绘制出手臂的大致轮廓,使用"选择工具"进行调整,并对其填充颜色。

43 ▶使用"颜料桶工具"对裙子进行颜色填充。

44 ▶双击裙子的主体部分,将除了花边以外的部分全部选中。

45 ▶按快捷键 Ctrl+X 将选中部分剪切,新建"图层2",按快捷键 Ctrl+Shift+V 进行原位粘贴。

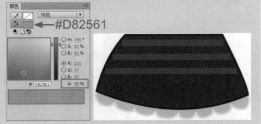

46 ▶新建"图层3",单击"矩形工具"按钮,在"颜色"面板中设置颜色值,并在舞台中绘制出 3 个矩形条。

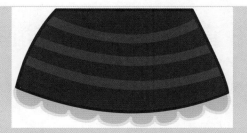

47 ▶ 使用"选择工具"对矩形条进行调整，制作出裙子的花纹效果。

48 ▶ 新建一个图层，使用相同的方法制作出竖的花纹条。

#FFFFFF

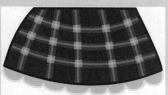

#FCCDDE

49 ▶ 单击"线条工具"按钮，设置线条高度为1.00，打开"颜色"面板设置其颜色值。新建一个图层，绘制出裙子花纹的细节。

50 ▶ 单击"矩形工具"按钮，打开"颜色"面板设置其颜色值。新建一个图层，继续完善裙子的花纹细节。

51 ▶ 使用相同的方法制作出人物的腿部和鞋子。

52 ▶ 返回"场景1"中，新建图层，将每个元件拖动到不同的图层中，并进行拼合。

提 问

提问：如何区分 Q 版人物角色？

答：虽然每个国家的 Q 版角色的制作和定义都不相同，但是最重要的一条是不变的，那就是尽量使 Q 版的角色夸张和可爱。

7.5　本章小结

　　本章主要讲解了 Flash 动画中的人物角色的绘制方法和技巧，以及各种不同的动漫形象的表现方法。

　　作为动画设计师，最重要的就是提高自己的制作水平，所以必须要多加练习，才能熟练掌握相关知识和软件操作方法。

第 8 章 Flash 基本动画

本章将对 Flash 基本动画制作的方法和技巧进行详细讲解，同时对基本动画的制作原理进行简单介绍。通过本章的学习，读者可以熟练掌握 Flash 基本动画的应用，从而制作出各类精美的 Flash 动画。

8.1 逐帧动画

逐帧动画是一种常见的动画形式，其在每一帧中都可以更改舞台中的内容。逐帧动画适合于图像在每一帧中都在变化的复杂动画。

8.1.1 逐帧动画的特点

逐帧动画的特点是每一个帧都是关键帧，可以为每一个帧创建不同的图像，每一个新关键帧最初包含的内容和它前面的关键帧是一样的，因此可以递增地修改动画中帧的内容，从而可以表现比较细腻的动画。

➡ 实例 33+ 视频：制作闪烁的繁星

本实例制作的是满天闪烁的繁星，通过本实例的学习，可以掌握逐帧动画在实际中的应用。

🏠 源文件：源文件 \ 第 8 章 \8-1-1.fla　　🔊 操作视频：视频 \ 第 8 章 \8-1-1.swf

#141E39 #293A68 #576EB4

`01` ▶ 执行"文件 > 新建"命令，新建一个默认大小的空白文档。

`02` ▶ 选择"矩形工具"，打开"颜色"面板，在该面板中进行设置。

本章知识点

- ☑ 掌握逐帧动画
- ☑ 熟练掌握补间动画
- ☑ 掌握传统补间动画
- ☑ 熟练掌握遮罩动画
- ☑ 掌握引导层动画

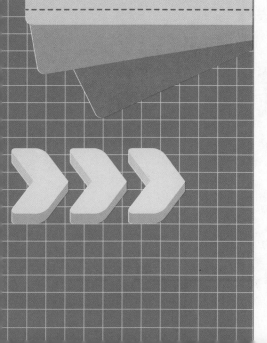

03 ▶绘制矩形，使用"渐变变形工具"进行调整，在第 10 帧位置按 F5 键插入帧。

04 ▶新建"图层 2"，使用"刷子工具"绘制"填充颜色"为 #E8F6FD 的星星。

05 ▶使用相同的方法，完成其他相似星星的绘制。

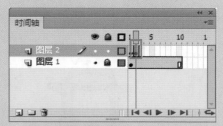

06 ▶将播放头放置在第 2 帧位置，按 F6 键插入关键帧。

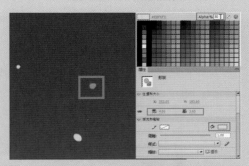

07 ▶选择图形，在"属性"面板中调整其大小和 Alpha 值。

08 ▶使用相同的方法，完成其他图形属性的设置。

09 ▶使用相同的方法，在第 3 帧位置插入关键帧，并对图形属性进行设置。

10 ▶使用相同的方法，完成其他帧的制作，保存并测试文件。

提问：在制作逐帧动画时需要注意什么？

答：在制作逐帧动画的过程中，需要对每一个新关键帧进行微调，确保动画的自然和真实，同时帧频的设置也要合理，一般为 24fps。

8.1.2　导入逐帧动画

在 Flash 中，可以直接导入图像序列，以创建逐帧动画，在导入图像序列时，只需选择图像序列中的开始帧，根据提示，即可将图像序列导入，创建逐帧动画。

➡ 实例 34+ 视频：制作企鹅跳跃动画

本实例制作的是小企鹅跳跃动画，在制作的过程中，主要通过导入图像序列快速创建逐帧动画，通过本实例的学习，可以掌握导入逐帧动画的方法和技巧。

🏠 源文件：源文件 \ 第 8 章 \8-1-2.fla

📶 操作视频：视频 \ 第 8 章 \8-1-2.swf

`01` ▶ 执行"文件 > 新建"命令，在弹出的"新建文档"对话框中进行设置。

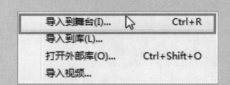

`02` ▶ 执行"文件 > 导入 > 导入到舞台"命令。

`03` ▶ 在弹出的"导入"对话框中选择"素材 \ 第 8 章 \81201.png"文件。

`04` ▶ 在弹出的提示对话框中选择"是"按钮。

05 ▶ 导入图像序列，"时间轴"面板自动创建逐帧动画。

06 ▶ 执行"文件 > 另存为"命令，在弹出的"另存为"对话框中进行设置。

07 ▶ 完成实例的制作，按快捷键 Ctrl+Enter，测试动画效果。

提问：如何导入图像序列？

答：在导入图像序列的过程中，如果单击系统弹出提示框中的"否"按钮，Flash 则会只导入序列中选择的图像。

8.2 补间动画

补间动画可以通过对不同帧中的对象属性指定不同的值创建动画。它只需要定义第一个关键帧和最后一个关键帧中的对象属性，中间的内容由 Flash 自动生成。

8.2.1 了解补间动画

在 Flash 中，补间动画中的补间范围在"时间轴"中显示为蓝色背景的单个图层中的一组帧。在补间范围中，只能对舞台中的一个对象进行动画处理，此对象被称为补间范围的目标对象。

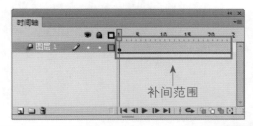

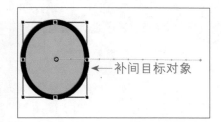

8.2.2 编辑补间动画路径

在 Flash 中，创建补间动画后，可以使用"选择工具"、"部分选取工具"、"任意变形工具"和"修改"菜单中的命令对舞台中的补间运动路径进行调整。

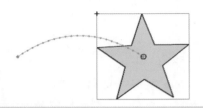
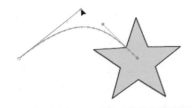

➡ 实例 35+ 视频：制作公交车行驶动画

本实例制作的是公交车行驶动画，在制作的过程中，主要通过创建补间动画来实现公交车行驶效果，通过本实例的学习，读者可以掌握补间动画的应用。

🏠 源文件：源文件 \ 第 8 章 \8-2-2.fla

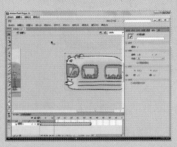

📶 操作视频：视频 \ 第 8 章 \8-2-2.swf

01 ▶ 执行"文件 > 新建"命令，在弹出的"新建文档"对话框中进行设置。

02 ▶ 按快捷键 Ctrl+R，在弹出的"导入"对话框中选择"素材 \ 第 8 章 \82201.png"。

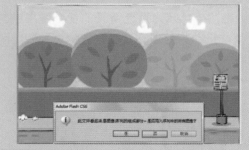

03 ▶ 在弹出的提示框中单击"否"按钮，导入图像，在第 40 帧位置按 F5 键插入帧。

04 ▶ 新建"图层 2"，导入"素材 \ 第 8 章 \82202.png"，并调整其位置。

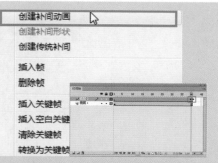

05 ▶ 按 F8 键，在弹出的"转换为元件"对话框中进行设置。

06 ▶ 在"图层 2"的第 1 帧位置创建补间动画，并调整其补间范围。

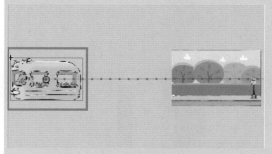

07 ▶ 使用"选择工具"调整第 40 帧中元件的位置。

08 ▶ 执行"文件 > 另存为"命令，在弹出的"另存为"对话框中进行设置。

09 ▶ 完成实例的制作，按快捷键 Ctrl+Enter，测试动画效果。

> **提 问**
>
> **提问：补间目标对象有哪些属性？**
> 　　答：用户可以在补间范围中为补间目标对象定义一个或多个属性值，这些属性包括位置、缩放、倾斜、旋转、颜色和滤镜。

8.2.3　使用"动画编辑器"

　　在 Flash 中创建补间后，通过"动画编辑器"面板，可以查看和更改所有补间属性，"动画编辑器"允许用户以多种不同的方式来控制补间。

　　选择"时间轴"中的补间范围、舞台中补间对象或运动路径后，"动画编辑器"即显示该补间的属性曲线。

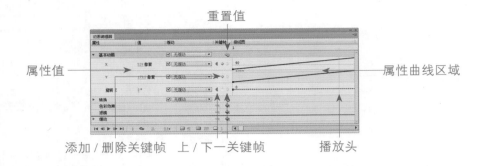

重置值

属性值 —→

属性曲线区域

添加/删除关键帧 　上/下一关键帧 　　　　　播放头

⟹ 实例 36+ 视频：制作魔术棒发光动画

本实例制作的是一个魔术棒发光的动画，在制作的过程中，使用"动画编辑器"可以轻松地创建出比较复杂的补间动画。

源文件：源文件 \ 第 8 章 \8-2-3.fla

操作视频：视频 \ 第 8 章 \8-2-3.swf

01 ▶ 执行"文件 > 新建"命令，在弹出的"新建文档"对话框中进行设置。

02 ▶ 按快捷键 Ctrl+R，在弹出的"导入"对话框中选择"素材 \ 第 8 章 \82301.png"。

03 ▶ 按 F8 键，在弹出的"转换为元件"对话框中进行设置，在第 11 帧位置按 F5 键插入帧。

04 ▶ 在"图层 1"下方新建"图层 2"，导入"素材 \ 第 8 章 \82302.png"并调整其位置，按 F8 键，将其转换为"身体"图形元件。

05 ▶使用相同的方法，完成其他素材的导入和转换。

06 ▶单击"图层 1"的第 1 帧，创建补间动画。

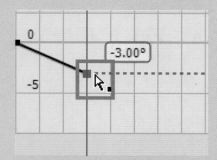

07 ▶打开"动画编辑器"面板，将播放头放置在第 3 帧位置，单击鼠标右键，在弹出的快捷菜单中选择"添加关键帧"命令。

08 ▶在曲线上添加相应的属性关键帧，单击并拖动关键帧调整曲线的形状。

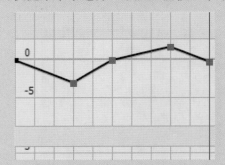

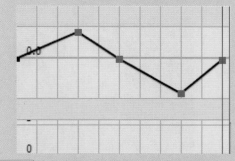

09 ▶使用相同的方法，添加关键帧，并调整曲线的形状。

10 ▶使用相同的方法，完成"图层 2"的制作。

11 ▶单击"图层 4"的第 1 帧，创建补间动画。

12 ▶将播放头放置在第 6 帧位置，分别添加属性关键帧，并进行调整。

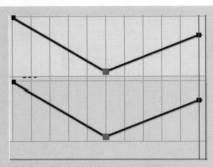

13 ▶ 使用相同的方法，添加关键帧，并调整曲线的形状。

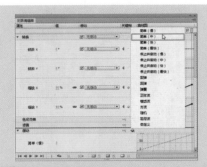

14 ▶ 在"动画编辑器"面板中单击"缓动"中的"添加"按钮，选择"简单（中）"。

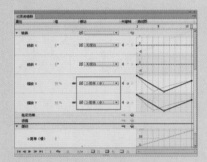

15 ▶ 设置"转换"中"缩放 X"和"缩放 Y"的"缓动"为"简单（中）"。

16 ▶ 执行"文件 > 另存为"命令，在弹出的"另存为"对话框中进行设置。

17 ▶ 完成实例的制作，按快捷键 Ctrl+Enter，测试动画效果。

提问：如何控制"动画编辑器"的显示？

答：　"动画编辑器"底部的"图形大小"和"扩展图形的大小"可以调整展开视图和折叠视图的大小。

8.3　补间形状动画

补间形状动画是创建一个形状变为另一个形状的动画，它适用于简单的形状，避免使用部分被挖空的形状。如果需要控制比较复杂或罕见的形状变化，用户还可以使用"形状提示"标示起始形状和结束形状中相对应的点。

"形状提示"包含从 a ～ z 的字母，用来识别起始形状和结束形状中相对应的点，最多可以使用 26 个"形状提示"。

➡ 实例 37+ 视频：制作头发飘动动画

根据补间形状动画的特点，使用补间形状动画可以制作出对象形状发生变化的动画，下面将通过制作人物头发飘动动画效果对补间形状动画加深理解。

🏠 源文件：源文件 \ 第 8 章 \8-3.fla

🔊 操作视频：视频 \ 第 8 章 \8-3.swf

01 ▶ 执行"文件 > 新建"命令，在弹出的"新建文档"对话框中进行设置。

02 ▶ 按快捷键 Ctrl+R，在弹出的"导入"对话框中选择"素材 \ 第 8 章 \8301.png"。

补间形状动画主要是针对图形而言的，使用元件无法制作补间形状动画，使用补间形状动画可以制作位置、形状、缩放和颜色等动画。

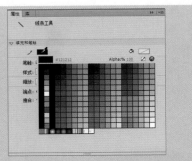

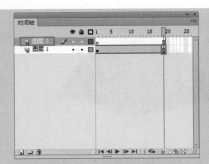

03 ▶ 在"图层 1"的第 19 帧位置按 F5 键插入帧，并新建"图层 2"。

04 ▶ 选择"线条工具"，在"属性"面板中进行设置。

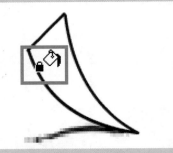

05 ▶ 在舞台中单击并拖动鼠标，绘制直线并使用选择工具进行调整。

06 ▶ 新建"图层 3"，绘制直线并进行调整，使用"颜料桶工具"填充白色。

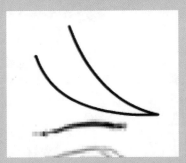

07 ▶ 选择不需要的线条，按 Delete 键将其删除。

08 ▶ 在"图层 2"的第 4 帧位置按 F6 键插入关键帧，使用"选择工具"调整形状。

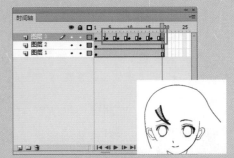

09 ▶ 使用相同的方法，创建其他关键帧并调整每个关键帧中的图形形状。

10 ▶ 使用鼠标右击"图层 3"的第 1 帧位置，选择"创建补间形状"命令。

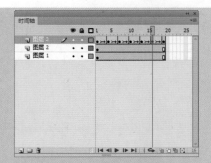

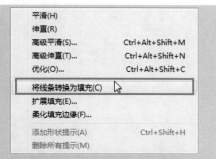

11 ▶ 使用相同的方法，为其他关键帧创建补间形状动画。

12 ▶ 分别选择每一关键帧中的图形，执行"修改 > 形状 > 将线条转换为填充"命令。

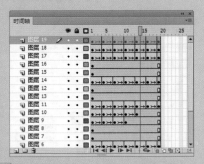

13 ▶ 使用相同的方法，完成其他图层的动画制作。

14 ▶ 执行"文件 > 另存为"命令，在弹出的"另存为"对话框中进行设置。

15 ▶ 单击"保存"按钮，按快捷键 Ctrl+Enter，测试动画效果。

16 ▶ 为了使动画更加逼真漂亮，为手绘画上色。

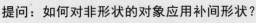

提问：如何对非形状的对象应用补间形状？

答：如果需要对组、实例或位图图像等应用补间形状，则需要分离这些元素，如果需要对文本应用补间形状，则需要将文本分离两次。

8.4　传统补间动画

　　传统补间动画是 Flash 早期创建动画的一种方式，其制作过程比较复杂，但是传统补间动画具有的某些类型动画是补间动画所不具备的。

　　传统补间动画是使用起始帧和结束帧建立补间的，其创建的过程是先创建起始帧和结束帧的位置，然后进行动画制作，Flash 自动完成起始帧和结束帧之间过渡帧的制作。

实例 38+ 视频：制作动画场景中的阳光效果

本实例制作的是动画场景中的阳光效果，在制作的过程中，主要是通过创建传统补间动画来实现效果。通过本实例的学习，可以加深对传统补间动画的理解。

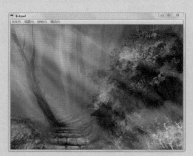

源文件：源文件 \ 第 8 章 \8-4.fla

操作视频：视频 \ 第 8 章 \8-4.swf

01 ▶ 执行"文件 > 新建"命令，在弹出的"新建文档"对话框中进行设置。

02 ▶ 按快捷键 Ctrl+R，导入"素材\第 8章\8401.jpg"，在第 19 帧位置按 F5 键插入帧。

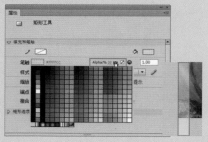

03 ▶ 新建"图层 2"，选择"矩形工具"，在"属性"面板中进行设置，绘制矩形。

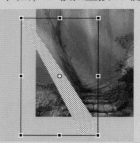

04 ▶ 按住 Ctrl+Shift 键，使用"任意变形工具"调整矩形的形状和旋转角度。

05 ▶ 按 F8 键，在弹出的"转换为元件"对话框中进行设置。

06 ▶ 在"属性"面板中单击"添加滤镜"按钮，选择"模糊"选项并进行设置。

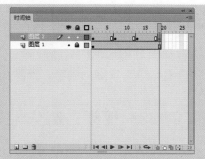

07 ▶ 在"图层 2"的第 7 帧位置按 F6 键插入关键帧,在"属性"面板中设置"色彩效果"。

08 ▶ 使用相同的方法,创建其他关键帧并进行设置。

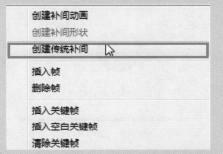

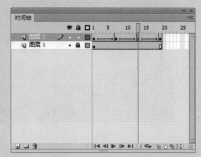

09 ▶ 使用鼠标右击"图层 2"的第 1 帧位置,选择"创建传统补间"命令。

10 ▶ 使用相同的方法,为其他关键帧创建传统补间动画。

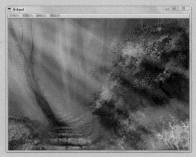

11 ▶ 使用相同的方法,完成其他图层的动画制作。

12 ▶ 保存文件,按快捷键 Ctrl+Enter,测试动画效果。

提问:创建传统补间动画后可以设置帧的哪些属性?

　　答:创建传统补间动画以后,选择起始帧或结束帧,即可在"属性"面板中设置帧的"标签"、"补间"和"声音"。

8.5　遮罩动画

　　遮罩动画是 Flash 中重要的动画类型,通过遮罩动画可以制作出聚光灯、过渡等各种效果丰富、具有创意的动画效果。

8.5.1 遮罩动画的概念

遮罩动画是将动画的运动限制在一定的范围内，可以使用遮罩层创建一个窗口，通过这个窗口看到被遮罩层的内容，而窗口之外的对象不可显示。

➡ 实例 39+ 视频：制作地球转动动画

本实例制作的是地球转动的动画，在制作的过程中，主要应用了遮罩动画，通过实例的学习，读者可以掌握遮罩动画的使用方法和技巧。

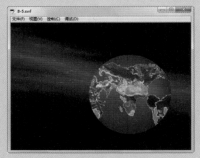

🏠 源文件：源文件 \ 第 8 章 \8-5-1.fla

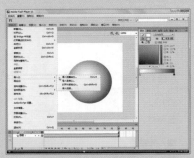

📶 操作视频：视频 \ 第 8 章 \8-5-1.swf

01 ▶ 执行"文件 > 新建"命令，在弹出的"新建文档"对话框中进行设置。

02 ▶ 在"颜色"面板中设置 6% 的 #FFFFFF 到 81% 的 #000066 的"径向渐变"。

03 ▶ 选择"椭圆工具"，在舞台中绘制一个正圆，在第 80 帧位置按 F5 键插入帧。

04 ▶ 新建"图层 2"，按快捷键 Ctrl+R，导入"素材 \ 第 8 章 \85101.png"。

05 ▶在"图层 2"的第 80 帧位置按 F6 键插入关键帧，调整图像的位置。

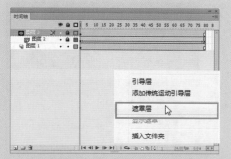

06 ▶鼠标右击"图层 2"的第 1 帧位置，为其创建传统补间动画。

07 ▶新建"图层 3"，使用"椭圆工具"绘制任意颜色的椭圆。

08 ▶使用鼠标右击"图层 3"，在弹出的快捷菜单中选择"遮罩层"命令。

09 ▶使用相同的方法，完成其他遮罩层的制作。

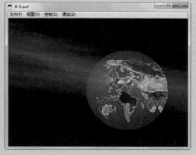

10 ▶在"图层 1"的下方新建"图层 6"，导入"素材 \ 第 8 章 \85102.png"。

11 ▶执行"文件 > 另存为"命令，保存文件，完成实例的制作，按快捷键 Ctrl+Enter，测试动画效果。

提问：哪些可以作为遮罩层？

答：在 Flash 中，遮罩层中的内容可以是填充的形状、文字对象、图形元件、影片剪辑或按钮，但笔触不可以用于遮罩层。

8.5.2　遮罩层和被遮罩层

遮罩动画可以将动画的运动限制在一定的范围内，即遮罩层和被遮罩层。遮罩层在上方，用来指定显示范围；被遮罩层在下方，用来指定显示的内容。创建遮罩动画后，遮罩层和被遮罩层呈锁定状态。

实例 40+ 视频：制作渐隐渐现动画

本实例制作的是一个渐隐渐现动画，在制作的过程中，需要注意的是该动画属于遮罩层式动画，被遮罩层静止。通过本实例的学习，可以加深对遮罩动画的理解。

源文件：源文件＼第 8 章＼8-5-2.fla

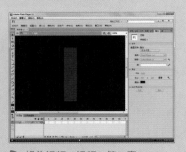

操作视频：视频＼第 8 章＼8-5-2.swf

01 ▶ 执行"文件＞新建"命令，在弹出的"新建文档"对话框中进行设置。

02 ▶ 按快捷键 Ctrl+R，在弹出的"导入"对话框中选择"素材＼第 8 章＼85201.png"。

03 ▶执行"插入＞新建元件"命令，在弹出的"创建新元件"对话框中进行设置。

04 ▶绘制矩形，返回"场景 1"，在第 189 帧位置按 F5 键插入帧，新建"图层 2"。

05 ▶从"库"面板中将"矩形"元件拖入舞台中。

06 ▶在第 37 帧位置按 F6 键插入关键帧，调整矩形的位置。

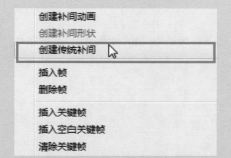

07 ▶使用鼠标右击第 1 帧位置，选择"创建传统补间"命令。

08 ▶使用相同的方法，创建关键帧和传统补间动画，并为"图层 2"创建遮罩动画。

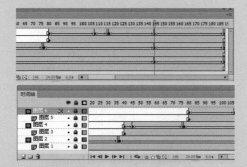

09 ▶使用相同的方法，完成其他图层的动画制作。

10 ▶执行"文件＞另存为"命令，在弹出的"另存为"对话框中进行设置。

11 ▶ 单击"保存"按钮，保存文件，完成实例的制作，按快捷键 Ctrl+Enter，测试动画效果。

> **提问：遮罩动画的分类是什么？**
>
> 答：遮罩动画一共可以分为 4 种，遮罩层和被遮罩层都是静止状态；遮罩层静止，被遮罩层是动画；遮罩层是动画，被遮罩层静止；遮罩层和被遮罩层都是动画。

8.6 引导线动画

使元件实例沿着一条路径运动，即为引导线动画。在 Flash 中，创建补间动画之后，系统自动生成一条引导线，除了创建补间动画制作引导线动画之外，还可以在传统补间动画的基础上，添加引导层制作引导线动画。

> 在 Flash 中，引导层中的内容不会显示在发布的 SWF 文件中，引导层中的路径只在 Flash 文件中起辅助功能。

➡ 实例 41+ 视频：制作小汽车行驶动画

本实例制作的是小汽车穿行在城市中的动画，在制作的过程中，首先通过创建补间动画，然后绘制并复制路径，使元件随着绘制的路径运动。通过本实例的学习，读者可以更加全面地掌握补间动画。

🏠 源文件：源文件 \ 第 8 章 \8-6-1. fla　　　📶 操作视频：视频 \ 第 8 章 \8-6-1. swf

01 ▶ 执行"文件 > 新建"命令，在弹出的"新建文档"对话框中进行设置。

02 ▶ 按快捷键 Ctrl+R，导入"素材 \ 第 8 章 \86101.jpg"，在第 101 帧位置按 F5 键插入帧。

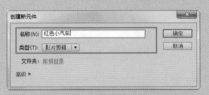

03 ▶ 执行"插入 > 新建元件"命令，在弹出的"创建新元件"对话框中进行设置。

04 ▶ 使用相同的方法，导入"素材 \ 第 8 章 \86102.jpg"，返回"场景 1"。

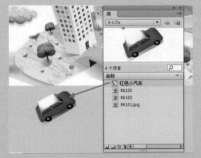

05 ▶ 新建"图层 2"，将"红色小汽车"元件从"库"面板拖入舞台中。

06 ▶ 使用鼠标右击第 1 帧位置，选择"创建补间动画"命令，并新建"图层 3"。

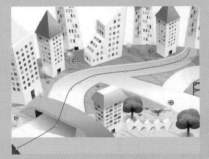

07 ▶ 使用"钢笔工具"在舞台中绘制路径，选择路径，按快捷键 Ctrl+C 进行复制。

08 ▶ 选择"图层 2"，按快捷键 Ctrl+V 进行粘贴，并将"图层 3"删除。

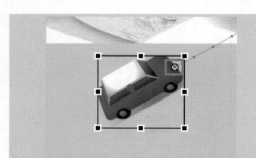

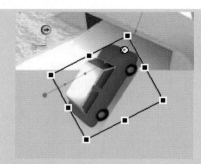

09 ▶选择"任意变形工具",调整"红色小汽车"元件的中心点位置。

10 ▶将播放头放置在第 21 帧位置,调整元件的旋转角度和大小。

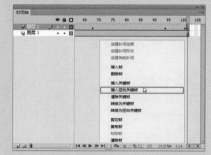

11 ▶使用相同的方法,调整其他帧中元件的旋转角度和大小。

12 ▶在第 102 帧位置按 F7 键插入空白关键帧,在"图层 1"的第 102 帧位置按 F5 键。

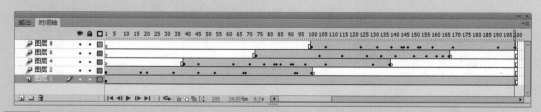

13 ▶使用相同的方法,完成其他小汽车的动画制作。执行"文件 > 另存为"命令,将其保存为"源文件 \ 第 8 章 \8-6-1.fla"。

14 ▶单击"保存"按钮,保存文件,完成实例的制作,按快捷键 Ctrl+Enter,测试动画效果。

提问：补间动画的属性有哪些？

答：在 Flash 中创建补间动画后，可以在"属性"面板中设置补间动画的属性，勾选"调整到路径"还可以让补间对象随着运动路径随时调整自身的方向。

在 Flash 中，创建引导层的方法有两种，一种是使用鼠标右击需要创建引导线动画图层的名称，在弹出的快捷菜单中选择"添加传统运动引导层"命令，在该图层上方添加一个引导层。

另一种是选择一个图层，使用鼠标右击该图层名称，在弹出的快捷菜单中选择"引导层"命令，该图层即可转换为引导层。

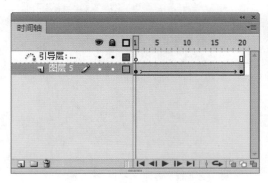
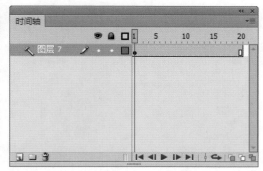

在 Flash 中制作引导线动画时，元件实例的中心点一定要贴紧至引导层中的路径上，否则将不能沿着路径运动。

➡ 实例 42+ 视频：制作游戏摇摇瓶动画

本实例制作的是游戏中的摇摇瓶动画，在制作的过程中，首先将路径图层转换为引导层，然后在新图层中创建传统补间动画，最后将传统补间动画拖放到该引导层中，使元件实例的运动受限于该引导层。通过本实例的学习，读者可以掌握引导层在 Flash 动画中的使用方法和技巧。

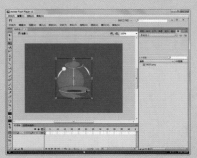

🏠 源文件：源文件 \ 第 8 章 \8-6-2.fla   🔊 操作视频：视频 \ 第 8 章 \8-6-2.swf

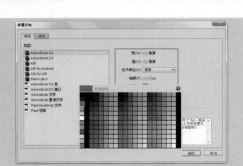

01 ▶ 执行"文件 > 新建"命令，在弹出的"新建文档"对话框中进行设置。

03 ▶ 执行"插入 > 新建元件"命令，在弹出的"创建新元件"对话框中进行设置。

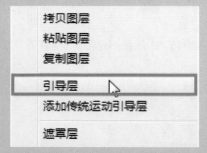

05 ▶ 在"时间轴"面板中，使用鼠标右击"图层 1"名称，在弹出的快捷菜单中选择"引导层"命令。

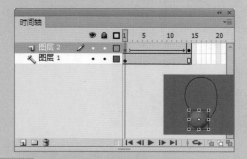

07 ▶ 在第 14 帧位置按 F6 键插入关键帧，调整图像的位置，创建传统补间动画。

02 ▶ 按快捷键 Ctrl+R，导入"素材\第 8 章\86201.jpg"。

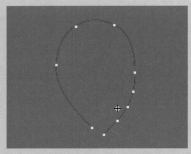

04 ▶ 使用"钢笔工具"在舞台中绘制路径，并在第 14 帧位置按 F5 键插入帧。

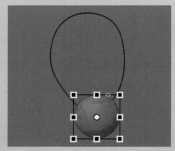

06 ▶ 新建"图层 2"，导入"素材\第 8 章\86202.jpg"，使用"任意变形工具"将其中心点贴紧至路径。

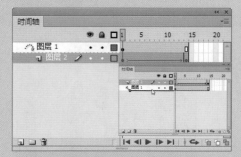

08 ▶ 单击并拖动"图层 2"，将其拖放在引导层的下方。

09 ▶ 使用相同的方法，完成其他影片剪辑
元件的制作。

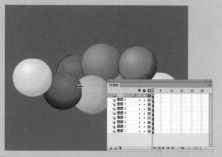

10 ▶ 使用相同的方法，新建一个"整体动画"影片剪辑元件。

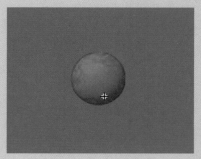

11 ▶ 将"红球"元件从"库"面板中拖入
舞台。

12 ▶ 使用相同的方法，将其他元件分别放置在不同的图层中。

13 ▶ 返回"场景1"，新建"图层2"，
将"整体动画"元件拖入舞台中。

14 ▶ 执行"文件 > 另存为"命令，在弹出的"另存为"对话框中进行设置。

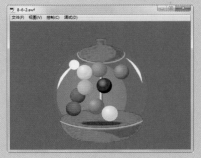

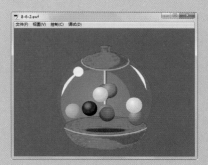

15 ▶ 单击"保存"按钮，保存文件，完成实例的制作，按快捷键 Ctrl+Enter，测试动
画效果。

提问：如何使引导线动画效果更加细致？

答：在 Flash 中创建引导线动画后，单击被引导层的第 1 帧，在"属性"面板中设置各项参数，即可使动画效果更加细致。

8.7 本章小结

本章主要讲解了 Flash 中"逐帧动画"、"补间动画"和"遮罩动画"等基本动画的制作方法和技巧，通过本章的学习，可以全面地掌握 Flash 中的动画类型，从而制作出风格迥异的动画效果。

第 9 章 Flash 元件动画

元件是 Flash 中构成动画的基本元素，元件的大小可以直接影响动画的总体积。通过不同元件的使用，可以制作出非常丰富的动画效果。

元件创建完成后，系统会自动将其生成到"库"面板中，使用"库"面板可以对文档中的图像、声音和视频等资源进行统一管理，以方便在动画制作时的使用。

9.1 元件、实例和库

元件、实例和库是 Flash 中最基本，同时也是最重要的概念，引进这 3 个概念有两个目的：提高工作效率和减小文件体积。这 3 个概念彼此相互关联，具有紧密的联系。

9.1.1 元件和实例

在前面的章节中已经为用户介绍了元件的基本概念，Flash 中的元件有 3 种，分别是图形、按钮或影片剪辑。

当用户创建一个元件后，可以在整个文档或其他文档中重复使用，此时用户可以理解为元件相当于模板。

将元件拖曳到舞台中后就是实例，实例是元件副本，它继承了元件的所有特性，用户还可以根据需要在"属性"面板中修改它的颜色、大小和功能。

实例

元件

> **提示**　如果对元件重新进行编辑，将会更新该元件的所有实例；但是对实例进行更改，不会影响它的父级元件。

9.1.2 "库"面板

"库"面板用于存放动画中所有的元件、位图、声音和视频等元素，使用"库"面板可以对库中的资源进行有

本章知识点

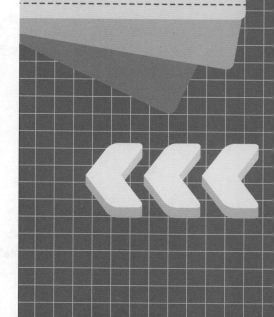

- ☑ 掌握元件、实例和库
- ☑ 了解图形元件的高级应用
- ☑ 掌握滤镜的使用
- ☑ 掌握影片剪辑元件
- ☑ 掌握按钮元件

效的管理。

➡ 实例 43+ 视频：制作阳光明媚的场景动画

本实例将制作一个阳光明媚的场景动画效果，通过本实例的制作，可以使用户更加了解元件、实例和"库"面板之间的联系，并且也更加形象地说明了实例和元件的不同之处。

⌂ 源文件：源文件\第 9 章\9-1-2.fla   📶 操作视频：视频\第 9 章\9-1-2.swf

01 ▶ 执行"文件 > 打开"命令，将"素材\第 9 章\91101.fal"文档打开。

02 ▶ 执行"窗口 > 库"命令，打开"库"面板，可以看到面板中已经制作完成的元件。

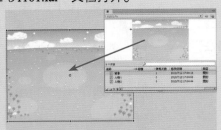

03 ▶ 单击"背景"元件，在"库"面板的预览框按下鼠标左键，将其拖曳到舞台中，完成实例的创建。

04 ▶ 使用相同的方法将其他两个元件拖曳到舞台中。

05 ▶ 执行"文件 > 另存为"命令，将文档保存为"源文件\第 9 章\9-1-2.fla"。

06 ▶ 执行"控制 > 测试影片 > 测试"命令，测试动画的效果。

9.1.3　公用库

公用库中存放的是 Flash 自带的范例库资源，分为"声音"、"按钮"、"类"，执行"窗口 > 公用库"命令，选择一个需要的类型，打开公用库，拖曳其中的资源到目标文档中，即可创建一个实例。

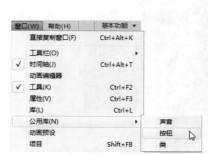

9.1.4　共享"库"资源

在 Flash 中，用户可以在几个文档之间共享每个文档中的"库"资源，例如用户打开一个制作完成并且具有元件的 Flash 文档，然后执行"文件 > 新建"命令，新建一个空白的 Flash 文档，在"库"面板中单击"文档列表"下拉菜单，在弹出的菜单中选择之前打开并制作完成的 Flash 文档，此时用户即可在新建的文档中共享到其他文档中的"库"资源。

9.2　图形元件的高级应用

图形元件也可以用来创建动画序列，甚至也可以创建补间动画等。

如果要播放图形元件中的动画，可以单击"属性"面板中"循环"选项卡下的"选项"下拉按钮，在弹出的下拉列表中可选择3 种播放方式，分别为"循环"、"播放一次"和"单帧"，其中"单帧"是图形元件最基本的应用方法。

9.2.1　循环播放

如果用户将图形元件的循环选项设置为"循环"的话，元件将按照当前实例占用的帧数来循环播放包含在该元件内的所有动画序列。

➡ 实例 44+ 视频：制作闪烁的彩饰灯

　　本实例将使用图形元件制作一个彩饰灯的闪烁效果，通过本实例的制作，可以使用户对图形元件的"循环"属性进一步加深了解。

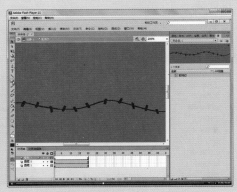

🏠 源文件：源文件 \ 第 9 章 \9-2-1. fla

📡 操作视频：视频 \ 第 9 章 \9-2-1. swf

01 ▶ 执行"文件 > 新建"命令，在弹出的对话框中设置各项参数，单击"确定"按钮。

02 ▶ 执行"插入 > 新建元件"命令，新建一个"名称"为"彩饰灯"的"图形"元件。

03 ▶ 单击"刷子工具"按钮，在舞台中绘制一条波浪线。

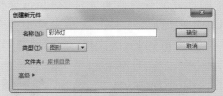

04 ▶ 新建一个图层，使用"矩形工具"在舞台中绘制一个矩形形状。

05 ▶ 使用"选择工具"和"任意变形工具"调整矩形的形状和角度。

06 ▶ 使用相同的方法完成其他相似部分的制作。

07 ▶ 新建一个图层，使用"椭圆工具"在舞台中绘制一个椭圆。

08 ▶ 使用"任意变形工具"和"选择工具"调整椭圆的角度和形状。

09 ▶ 使用相同的方法制作出其他的彩灯
效果。

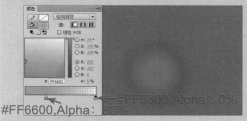

#FF6600,Alpha：80%　#FF6600,Alpha：0%

11 ▶ 单击"椭圆工具"按钮，打开"颜色"
面板，设置填充类型为"径向渐变"，在
舞台中绘制一个正圆。

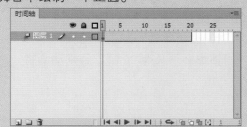

13 ▶ 选择"图层 1"的第 20 帧位置，按 F5
键插入帧，使用鼠标右键单击第一帧，在弹
出的快捷菜单中选择"创建补间动画"命令。

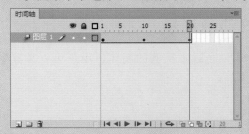

15 ▶ 分别在"时间轴"面板中的第 10 帧
和第 20 帧位置按 F6 键插入关键帧。

17 ▶ 返回"场景 1"中，将"库"面板中
的"彩饰灯"元件拖曳到舞台中，并在第
20 帧位置按 F5 键插入帧。

10 ▶ 执行"插入 > 新建元件"命令，新建
一个"名称"为"光晕亮度"的"图形"元件。

12 ▶ 使用"选择工具"选中绘制完成的椭
圆，按 F8 键将其转换为"名称"为"光晕"
的"图形"元件。

14 ▶ 使用"选择工具"选中舞台中的"图
形"元件，打开"属性"面板，调整元件
的"色彩效果"选项和"循环"选项。

16 ▶ 单击第 10 帧位置，使用"选择工具"选
中"图形"元件，在"属性"面板中调整其参数。

18 ▶ 新建"图层 2"，从"库"面板中将"光
晕亮度"元件拖曳到场景中，并放置在第
一个彩灯上。

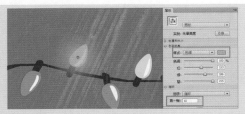

19 ▶ 再次拖曳一个"光晕亮度"元件，将其放置在第二个彩灯上，并在"属性"面板中调整其色调和起始帧。

20 ▶ 使用相同的方法完成其他所有彩色灯泡的制作，并将每个"光晕亮度"实例的起始帧调整得各不相同。

21 ▶ 执行"文件 > 保存"命令，将文档保存为"源文件 \ 第 9 章 \9-2-1.fla"，按快捷键 Ctrl+Enter 测试动画效果。

提问：为什么最后要为主时间轴添加 20 帧？

答：因为图形元件中的时间轴是与主时间轴绑定在一起的，而实例中为图形元件创建了 20 帧的动画，所以主时间轴也必须具有 20 帧，否则动画将无法播放。

9.2.2 播放一次

播放一次的播放模式非常简单，就是从指定帧开始播放动画序列，一直到动画结束，然后直接停止。

⇨ 实例 45+ 视频：制作热闹的节日动画场景

本实例将制作一个烟花爆竹燃放时的璀璨效果，通过本实例的制作，用户可以掌握图形元件中"播放一次"选项的使用方法和使用效果。

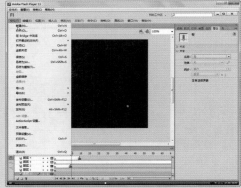

🏠 源文件：源文件 \ 第 9 章 \9-2-2.fla　　　📶 操作视频：视频 \ 第 9 章 \9-2-2.swf

01 ▶ 按快捷键 Ctrl+R 将"素材\第 9 章\92201\pic0001.png"图像导入。

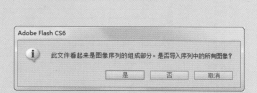

02 ▶ 在弹出的 Adobe Flash CS6 提示对话框中单击"是"按钮，完成图像序列的导入。

03 ▶ 返回"场景 1"中，从"库"面板中将"烟花"元件拖曳到舞台中，并在"属性"面板中设置其各项参数。

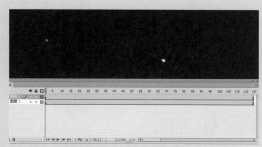

04 ▶ 单击"图层 1"的第 120 帧位置，按F5 键插入帧。新建"图层 2"，再次拖曳出一个"烟花"元件。

05 ▶ 选中"图层 2"中的烟花，打开"属性"面板，设置其各项参数。

06 ▶ 单击"图层 2"名称处，将该图层的所有帧选中，使用鼠标将所有帧向后拖曳 10 帧。

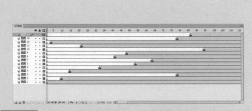

07 ▶ 选中"图层 2"中的烟花，打开"属性"面板，设置其各项参数。

08 ▶ 新建一个图层，按快捷键 Ctrl+R 将"素材\第 9 章\92202.jpg"图像导入。

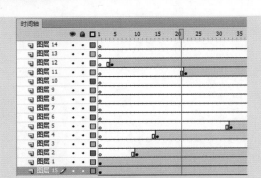

09 ▶ 将"图层 15"拖曳到"图层"面板的最下方，完成实例中背景的制作。

10 ▶ 在弹出的 Adobe Flash CS6 提示对话框中单击"是"按钮，完成图像序列的导入。

提问：为什么在制作的过程中，总是提示内存不足？

答：因为实例中的烟花采用的是逐帧动画，并且导入图像序列较多，所以可能会导致用户计算机的缓存不够，此时用户只需将文档进行保存，即可避免内存不足的现象出现。

9.2.3 单帧

播放一次的播放模式非常简单，就是从指定帧开始播放动画序列，一直到动画结束，然后直接停止。

➡ 实例 46+ 视频：制作搞笑的过场动画

本实例将为用户介绍如何制作一个搞笑的过场动画，通过本实例的制作，用户可以掌握图形元件"单帧"模式的使用方法和技巧。

⌂ 源文件：源文件 \ 第 9 章 \9-2-3.fla

🔊 操作视频：视频 \ 第 9 章 \9-2-3.swf

01 ▶ 执行"文件 > 打开"命令，将"素材 \ 第 9 章 \92301.fla"文档打开。

02 ▶ 执行"插入 > 新建元件"命令，新建一个"名称"为"角色"的"图形"元件。

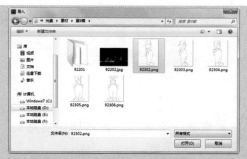

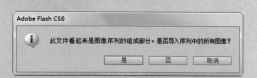

03 ▶ 按快捷键 Ctrl+R 将"素材\第9章\92302.png"图像导入。

04 ▶ 在弹出的 Adobe Flash CS6 提示对话框中单击"是"按钮，完成图像序列的导入。

05 ▶ 返回"场景1"中，从"库"面板中将"角色"元件拖曳到舞台左边的外侧。

06 ▶ 选中舞台中的元件，打开"属性"面板，并设置实例的各项参数。

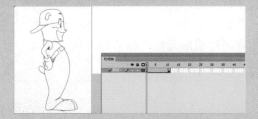

07 ▶ 在"图层1"的第11帧位置按F6键插入关键帧。使用鼠标右键单击第一帧，在快捷菜单中选择"创建补间动画"命令。

08 ▶ 单击第9帧位置，将图像拖曳到舞台中心。选中舞台中的元件，打开"属性"面板，在面板中对元件的具体位置进行设置。

09 ▶ 单击第11帧位置，选中舞台中的元件，在"属性"面板中设置元件的各项参数。

10 ▶ 在第12帧位置插入关键帧，并在"属性"面板中调整其"循环"和"第一帧"。

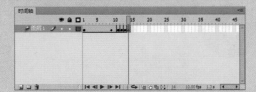

11 ▶ 使用相同的方法为第13帧和第14帧插入关键帧，并调整元件的"属性"设置。

12 ▶ 在第15帧位置插入关键帧，并在"属性"面板中进行参数设置。

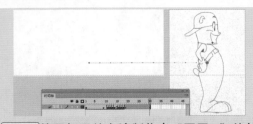

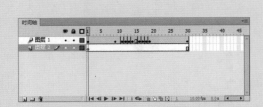

13 ▶ 使用相同的方法制作出"图层 1"的其他部分。

14 ▶ 新建一个图层，并将该图层拖曳到"图层 1"的下方。

15 ▶ 打开"库"面板，将"背景"位图元素拖曳到舞台中，将整个舞台覆盖。

16 ▶ 按快捷键 Ctrl+Enter 对动画进行测试，观察角色的入场效果。

提问：使用图形元件的单帧功能有什么用处？

答：单帧功能可以将所有相似同类素材都放在一个图形元件中，只是素材所在的帧不同，在制作动画时，只需要调用图形元件的相应帧即可，修改时只需修改帧的序列号即可。

9.3 按钮元件

按钮元件在 Flash 动画制作中起着举足轻重的作用，要想实现用户和动画之间的交互功能，一般都要通过按钮元件进行传递。

在第 7 章的 7.1.3 和 7.1.4 小节中，已经详细向用户介绍了按钮元件的作用和使用的方法。在这里将会使用按钮元件结合其他的功能制作出一些漂亮别致的按钮效果。

➡ 实例 47+ 视频：按钮翻转效果

本实例将使用按钮元件结合"3D 工具"制作一个简洁漂亮的翻转按钮效果，通过本实例的制作，可以在原有的基础上加深用户对按钮元件的理解，并掌握使用技巧。

🏠 源文件：源文件 \ 第 9 章 \9-3.fla

📶 操作视频：视频 \ 第 9 章 \9-3.swf

01 ▶执行"文件 > 打开"命令，将"素材 \ 第 9 章 \93101.fla"文档打开。

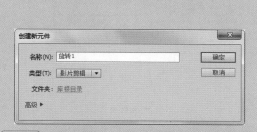

02 ▶执行"插入 > 新建元件"命令，新建一个"名称"为"旋转 1"的"影片剪辑"元件。

03 ▶打开"库"面板，并从该面板中拖曳出"图像 1"元件。

04 ▶在第 10 帧位置按 F5 键插入帧，单击鼠标右键，选择快捷菜单中"创建补间动画"命令。

05 ▶在第 10 帧位置按 F6 键插入关键帧，选中实例，在"属性"面板中设置各项参数。

06 ▶使用"3D 旋转工具"选中第 10 帧中的实例，打开"变形"面板，设置旋转参数。

07 ▶新建"图层 2"，在第 11 帧位置按 F6 键插入关键帧，将"库"面板中的"图像 2"元件拖曳到舞台中。

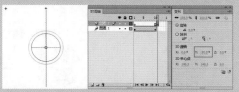

08 ▶使用"3D 旋转工具"选中第 11 帧中的元件，打开"变形"面板，在该面板中对"3D 旋转"选项进行修改。

09 ▶在"图层 2"的第 20 帧位置按 F6 键插入关键帧，单击鼠标右键，在弹出的快捷菜单中选择"创建补间动画"命令。

10 ▶选择"图层 2"的第 20 帧位置，选中"舞台"中的实例，在"变形"面板中对"3D 旋转"选项进行修改。

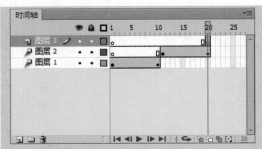

11 ▶ 新建"图层 3"，在第 20 帧位置按 F6 键插入关键帧。

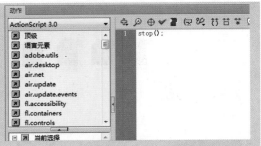

12 ▶ 按 F9 键打开"动作"面板，在面板的编辑区域输入 stop();。

13 ▶ 使用相同的方法制作"旋转 2"和"旋转 3"两个影片剪辑元件。

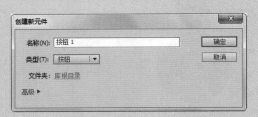

14 ▶ 返回"场景 1"，新建一个"名称"为"按钮 1"的"按钮"元件。

15 ▶ 打开"库"面板，从该面板中将"图像 1"元件拖曳到舞台中。

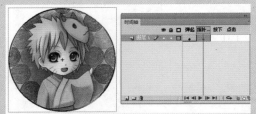

16 ▶ 选中"指针经过"位置，按 F7 键插入空白关键帧，从"库"面板中拖曳出"旋转 1"元件。

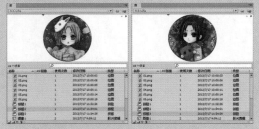

17 ▶ 使用相同的方法制作出"按钮 2"和"按钮 3"两个按钮元件。

18 ▶ 返回"场景 1"中，将"按钮 1"、"按钮 2"和"按钮 3"3 个元件拖曳到舞台中。

19 ▶ 执行"文件 > 另存为"命令，将文档保存为"源文件 \ 第 9 章 \9-3.fla"，按 Ctrl+Enter 键测试动画效果。

提问：为什么在使用"3D 旋转工具"之前要先对元件的属性进行设置？

答：在"属性"面板中设置"3D 定位和查看"选项卡主要是为了元件"透视角度"，因为该选项可以影响"3D 旋转工具"旋转元件时的角度。

9.4 使用滤镜

Flash 中可以为文本、按钮元件和影片剪辑元件添加有趣的视觉效果，并且还可以通过补间动画让应用的滤镜动起来，这都是 Flash 独有的功能。

9.4.1 滤镜的简介

Flash 中的滤镜一共有投影、模糊、发光、斜角、渐变发光、渐变斜角和调整颜色 7 种，但是在制作动画的过程中应用的滤镜越多，Flash 需要处理的量也就越大。所以建议用户对一个对象只应用有限数量的滤镜，调整所应用滤镜的强度和质量，只要达到效果即可。

9.4.2 使用动画滤镜

使用滤镜可以制作出很多用其他方法达不到或很难达到的效果，例如发光和闪烁等效果。为对象应用滤镜后，在不同帧上为对象修改滤镜参数，然后创建动画，就可以让滤镜活动起来。

元件的实例应用"调整颜色"滤镜后，如果执行"修改 > 分离"命令，实例会退回到原来的效果。

➡ 实例 48+ 视频：制作燃烧过光的按钮效果

本实例将制作一个燃烧过光的按钮效果，通过本实例的制作，用户可以掌握"滤镜"功能的使用方法和技巧。

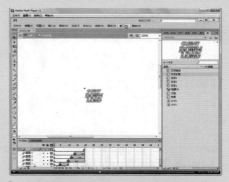

🏠 源文件：源文件 \ 第 9 章 \9-4-2. fla

🔊 操作视频：视频 \ 第 9 章 \9-4-2. swf

01 ▶执行"文件＞打开"命令，将"素材\第 9 章\94201.fla"文档打开。

02 ▶执行"插入＞新建元件"命令，新建一个"名称"为"文字扩散"的"影片剪辑"元件。

03 ▶打开"库"面板，从面板中拖曳出"文字组合"元件放到舞台中。

04 ▶在第 5 帧位置按 F5 键插入帧，单击鼠标右键，选择"创建补间动画"命令。

05 ▶选择第 5 帧位置，使用"任意变形工具"按住 Shift 键将实例放大。

06 ▶选择第 5 帧中的实例，打开"属性"面板，在该面板中设置"色彩效果"选项。

07 ▶使用鼠标右键单击"图层 1"名称，选择"复制图层"命令，使用相同的方法再次复制一个。

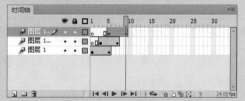

08 ▶选择上方的两个图层，并移动补间动画的位置。

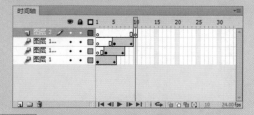

09 ▶新建"图层 2"，在第 10 帧位置按 F6 键插入关键帧。

10 ▶从"库"面板中拖曳出"文字 1"元件，并在第 19 帧位置按 F5 键插入帧。

11 ▶ 单击鼠标右键，在快捷键菜单中选择"创建补间动画"命令，单击第 15 帧位置，按住 Shift 键水平向左拖动"文字 1"实例。

12 ▶ 单击第 14 帧位置，再次将"文字 1"实例向左拖动，打开"属性"面板，单击"滤镜"选项卡下的"添加滤镜"按钮。

13 ▶ 在弹出的菜单中选择"模糊"选项，打开"模糊"滤镜，在"滤镜"选项卡中，设置"模糊"的各项参数。

14 ▶ 选中第 10 帧和第 15 帧位置中的实例，并在"属性"面板的"滤镜"选项卡下，设置其模糊值为 0 像素。

15 ▶ 使用相同的方法制作出"图层 3"和"图层 4"两个文字实例。

16 ▶ 新建"图层 5"，在第 19 帧位置按 F9 键打开"动作"面板，并输入脚本语言。

17 ▶ 返回"场景 1"中，执行"插入 > 新建元件"命令，新建一个"名称"为"过光"的"影片剪辑"元件。

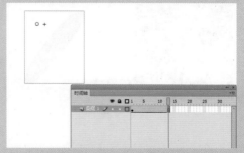

18 ▶ 打开"库"面板，将该面板中的"光束"元件拖曳到舞台中，并在第 13 帧位置按 F5 键插入帧。

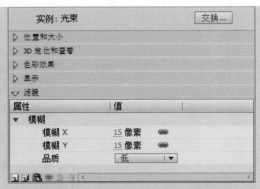

19 ▶选中"光束"实例，在"属性"面板中为其添加"模糊"滤镜，并设置模糊像素。

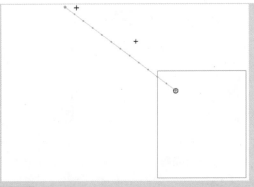

20 ▶为"图层 1"创建补间动画，单击第 13 帧位置，并移动实例到舞台中的位置。

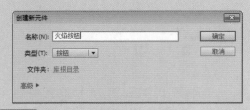

21 ▶返回"场景 1"中，新建一个"名称"为"火焰按钮"的"按钮"元件。

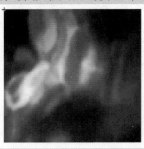

22 ▶打开"库"面板，将该面板中的"火焰"元件拖曳到舞台中。

23 ▶在"指针经过"位置按 F6 键，插入关键帧。

24 ▶选择"指针经过"位置中的实例，在"属性"面板中设置"色彩效果"选项。

25 ▶新建"图层 2"，从"库"面板中拖曳出"文字组合"元件到舞台中。

26 ▶在"图层 2"的"指针经过"位置按 F7 键插入空白关键帧，从"库"面板中拖曳出"文字扩散"元件。

27 ▶ 新建"图层 3"，在"指针经过"位置按 F6 键插入关键帧。

29 ▶ 返回"场景 1"中，从"库"面板中拖曳出"pic1"位图。新建"图层 2"，继续拖曳出"火焰按钮"元件。

31 ▶ 将"图层 2"显示出来，使用鼠标右键单击"图层 3"名称，在弹出的快捷菜单中选择"遮罩层"命令。

33 ▶ 将"图层 2"显示出来，使用鼠标右键单击"图层 3"名称，在弹出的快捷菜单中选择"遮罩层"命令。

28 ▶ 从"库"面板中拖曳出"过光"元件到舞台中。

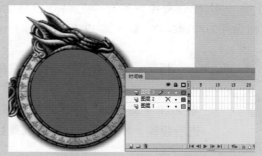

30 ▶ 将"图层 2"隐藏，新建"图层 3"，使用"椭圆工具"在舞台中绘制一个正圆，并将其放置在适当的位置。

32 ▶ 新建"图层 4"，设置"填充颜色"为白色，在画布中绘制一个略微小一些的正圆。

34 ▶ 选中"图层 4"中的正圆，打开"颜色"面板，将面板中的"填充样式"设置为"线性渐变"。

35 ▶ 执行"文件 > 另存为"命令,将文档保存为"源文件 \ 第 9 章 \9-4-2.fla"。

36 ▶ 按快捷键 Ctrl+Enter,使用鼠标测试动画的效果。

提问:如何在模糊的时候只模糊 *X* 轴?

答:在"模糊 X"和"模糊 Y"选项的后面分别有一个"名称"为"链接 X 和 Y 属性值"按钮,单击该按钮可以将其变换为解除状态 ，此时再进行模糊,*X* 轴或 *Y* 轴就可以单独增加或减少数值。

9.5 影片剪辑元件

每一个影片剪辑元件都是 Flash 动画中一个单独的动画片段。在前面的小节中,已经向用户介绍了图形元件的时间轴是与主时间轴绑定在一起的,而影片剪辑元件则拥有独立于主时间轴的时间轴。

影片剪辑元件是本身可以是一个多帧、多图层的动画,但将它的实例拖动到场景中后,该实例在主时间轴中只占用一帧。

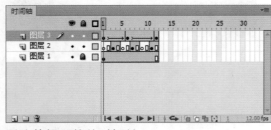

影片剪辑元件的时间轴   主时间轴

影片剪辑中的时间轴和主时间轴同时播放,但如果主时间轴播放完,影片剪辑也会停止播放。

实例 49+ 视频:制作新闻播报场景

本实例将制作一个新闻播报,包括播报员的身体动作和嘴型的动态效果,通过本实例的制作,用户可以掌握影片剪辑元件的使用方法和技巧。

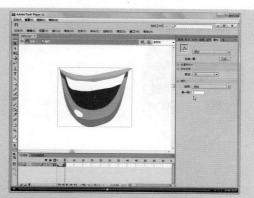

🏠 源文件：源文件 \ 第 9 章 \9-5. fla

🔊 操作视频：视频 \ 第 9 章 \9-5. swf

01 ▶ 执行"文件 > 打开"命令，将"素材 \ 第 9 章 \9501.fla"文档打开。

02 ▶ 执行"插入 > 新建元件"命令，新建一个"名称"为"嘴巴"的"影片剪辑"元件。

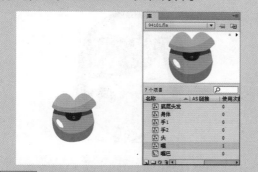

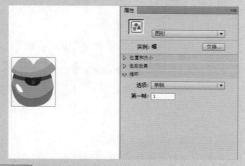

03 ▶ 打开"库"面板，将名称为"嘴"的图形元件拖曳到舞台中。

04 ▶ 选择舞台中的图形元件，在"属性"面板中修改该元件的"循环"选项卡。

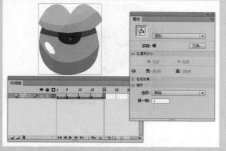

05 ▶ 在第 5 帧位置按 F6 键插入关键帧，并在"属性"面板中调整"第一帧"为 2。

06 ▶ 使用相同的方法完成其他相同部分的制作，并为"图层 1"创建传统补间。

07 ▶ 使用鼠标右键单击"库"面板中名称为"头"的图形元件,选择快捷菜单中的"编辑"命令。

09 ▶ 返回"场景1"中,执行"插入>新建元件"命令,新建一个"名称"为"头部"的"影片剪辑"元件。

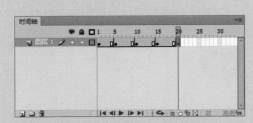

11 ▶ 在"时间轴"面板中分别在第5帧、第10帧、第15帧和第20帧位置按F6键插入关键帧。

13 ▶ 使用相同的方法将15帧中的元件向右稍稍旋转。

08 ▶ 新建一个图层,将"库"面板中刚刚创建的"嘴巴"元件拖曳到舞台中。

10 ▶ 将刚刚修改完成的"头"元件拖曳到舞台中。使用"任意变形工具"选中元件,将元件的中心点调整到嘴唇下方。

12 ▶ 选择第5帧中的图形元件,使用"任意变形工具"选中元件,并将元件向左稍稍旋转。

14 ▶ 将所有帧全部选中,使用鼠标右键单击任意一帧,在弹出的快捷菜单中选择"创建传统补间"命令。

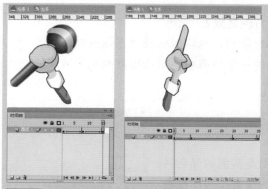

15 ▶ 使用相同的方法制作左手和右手的"影片剪辑"元件。

16 ▶ 返回"场景 1"中，从"库"面板中将"底层头发"元件拖曳到舞台中。

17 ▶ 新建"图层 2"，从"库"面板中将"身体"元件拖曳到舞台中。

18 ▶ 使用相同的方法将"头部"、"左手"和"右手"元件拖曳到舞台中。

19 ▶ 执行"文件 > 另存为"命令，将文档保存为"源文件 \ 第 9 章 \9-5.fla"，按快捷键 Ctrl+Enter 测试动画的效果。

提问：使用影片剪辑元件有什么方便之处？

答：影片剪辑可以和其他元件一起使用，也可以单独放在场景中使用，例如可以将影片剪辑放置在按钮元件的一个状态中，制作出具有动画效果的按钮。

9.6 实例的颜色样式

创建实例后，实例和元件是一模一样的，但是实例的颜色并非不能修改，用户可以通过"属性"面板对实例设置不同的颜色样式。

Flash 一共为用户提供了 5 种颜色样式，分别为"亮度"、"色调"、"高级"、Alpha 和"无"样式。

● 亮度

用户可以通过该选项调整实例的明暗度，选择该选项后，拖动"亮度"滑块或者直接在右侧的文本框中输入数值来调整实例的亮度，数值越大，亮度就越高。

原始效果　　　　　50% 亮度

● 色调

用户可以通过该选项重新改变实例的颜色。选择该选项后，单击"样式"右侧的颜色块，即可在弹出的"拾色器"面板中选择需要的颜色，用户也可以直接在下方的 RGB 文本框中输入数值来精确调整实例颜色。

原始效果　　　　　60% 的墨绿色色调

● 高级

选择该选项后，可以同时调整实例的颜色和透明度，在"样式"选项的下方输入数值，可以调整实例的 RGB 颜色和 Alpha 值，在"样式"选项中，可通过修改属性的百分数和偏移值实现不同的实例效果。

原始效果　　Alpha：50%＋色调为橘红色

● Alpha

该选项可以调整实例的透明度，选择

该选项后，可以在"样式"下拉列表的下方拖动 Alpha 滑块或者直接在右侧的文本框中输入准确的值来进行不透明度的调整，输入的值越大，透明度越低。

原始效果　　　　　　　Alpha 值为 30%

实例 50+ 视频：制作搞怪的瓦斯怪动画

本实例将制作一个搞怪的瓦斯怪动画，动画中主要运用了影片剪辑元件和元件的色彩效果，通过本实例的制作，用户可以掌握颜色样式的使用方法和技巧。

⌂ 源文件：源文件 \ 第 9 章 \9-6. fla

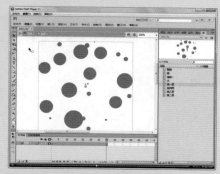

📶 操作视频：视频 \ 第 9 章 \9-6. swf

`01 ▶` 执行"文件 > 打开"命令，将"素材 \ 第 9 章 \9601.fla"文档打开。

`02 ▶` 执行"插入 > 新建元件"命令，新建一个"名称"为"眼睛"的"影片剪辑"元件。

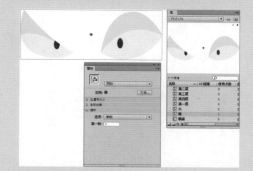

`03 ▶` 从"库"面板中拖曳出"眼"元件，并在"属性"面板中调整其"循环"选项。

`04 ▶` 分别在第 30 帧、第 32 帧、第 34 帧、第 36 帧、第 38 帧和第 40 帧位置插入关键帧。

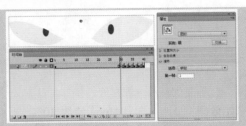

05 ▶ 选择第 30 帧位置的元件，在"属性"面板中修改其"循环"选项。

06 ▶ 选择第 32 帧位置的元件，在"属性"面板中修改其"循环"选项。

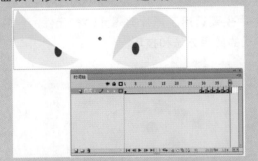

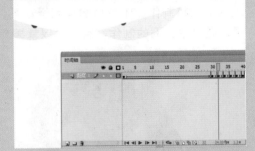

07 ▶ 使用相同的方法调整其他关键帧中的元件。

08 ▶ 单击"图层 1"名称处，将整个图层全部选中，并为该图层创建传统补间动画。

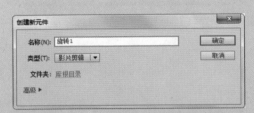

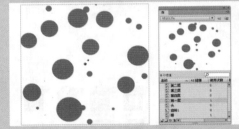

09 ▶ 返回"场景 1"中，新建一个"名称"为"旋转 1"的"影片剪辑"元件。

10 ▶ 打开"库"面板，将"第一层"元件拖曳到舞台中。

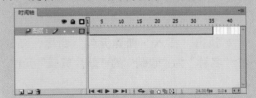

11 ▶ 在第 35 帧位置按 F5 键插入帧，使用鼠标右键单击第 1 帧，选择"创建补间动画"命令。

12 ▶ 选择第 35 帧位置，将舞台中的元件向下稍稍移动。

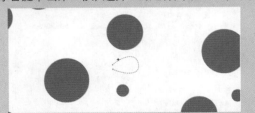

11个项目			
名称	▲ AS链接	使用次数	修改日期	类型
第二层		1	2013/7/16 10:06:39	图形
第三层		1	2013/7/16 10:05:33	图形
第四层		1	2013/7/16 10:04:29	图形
第一层		1	2013/7/16 10:06:12	图形
头		1	2013/7/16 13:01:52	图形
旋转1		1	2013/7/15 17:44:20	影片剪辑
旋转2		1	2013/7/15 17:43:24	影片剪辑
旋转3		1	2013/7/15 17:45:48	影片剪辑
旋转4		1	2013/7/15 17:52:11	影片剪辑

13 ▶ 使用"选择工具"调整补间动画的路径线条，使其呈现旋转一周的运动效果。

14 ▶ 使用相同的方法制作出"旋转 2"、"旋转 3"和"旋转 4"3 个"影片剪辑"元件。

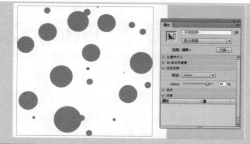

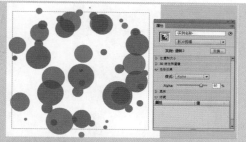

15 ▶ 返回"场景1"，从"库"面板中拖曳出"旋转1"元件，并在"属性"面板中调整元件的"色彩效果"。

16 ▶ 新建"图层2"，从"库"面板中拖曳出"旋转2"元件，并在"属性"面板中调整元件的"色彩效果"。

17 ▶ 使用相同的方法拖曳出"旋转3"、"旋转4"、"头"和"眼睛"等元件，并进行相应的调整。

18 ▶ 执行"文件 > 另存为"命令，将文档保存为"源文件 \ 第 9 章 \9-6.fla"，按快捷键 Ctrl+Enter 测试动画效果。

提 问

提问：使用颜色样式有什么好处？

答：在一些 Flash 动画中，常常需要绘制很多个外形相同、但是颜色不同的元件，此时使用颜色样式就可以大大提高工作效率，并且通过设置不同的颜色样式，也可以让 Flash 视觉效果更为突出。

9.7　本章小结

　　本章主要讲解了元件、实例和库这3个概念的相互关联，介绍了"图形"、"按钮"和"影片剪辑"这3种元件的功能和创建方法，并详细介绍了为图形元件设置循环和元件的滤镜效果，通过本章的学习，可以有效提高工作效率，帮助用户制作更精彩多样、播放流畅的动画效果。

第 10 章 3D 和 Deco 动画

制作 3D 动画效果可以很好地表现动画的空间感，使整个动画效果更加丰富逼真。本章将学习使用 3D 旋转和 3D 平移工具完成 3D 动画制作的方法。同时也针对 Deco 工具创建动画的方法进行详细介绍。

10.1 制作 3D 动画效果

Flash 可以在舞台的 3D 空间中通过移动和旋转影片剪辑来创建 3D 效果。使用 "3D 平移工具" 和 "3D 旋转工具" 使影片剪辑实例沿 x 轴、y 轴或 z 轴移动及旋转，从而创建逼真的透视效果。

 提示 | 要使用 Flash 的 3D 功能，新建文档时要选择新建 ActionScript 3.0 文件。同时要选择发布目标为 Flash Player 10 以上。

10.1.1 3D 旋转动画

使用 "3D 旋转工具" 可以旋转场景中的影片剪辑实例。选定对象后，对象上会出现 3D 旋转控件。x 轴控件为红色、y 轴控件为绿色、z 轴控件为蓝色、自由旋转控件为橙色。

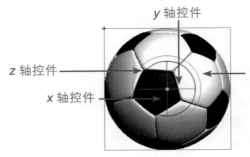

单击并拖动 x 轴控件可使实例沿着 x 轴方向进行旋转；单击并拖动 y 轴控件可使实例沿着 y 轴方向进行旋转；单击并拖动 z 轴控件可使实例沿着 z 轴进行旋转；单击并拖动自由旋转控件可使实例同时绕 x 轴、y 轴和 z 轴自由旋转。

 提示 | 当使用 ActionScript 3.0 文档类型时，除了影片剪辑之外，还可以向文本、按钮等对象应用 3D 属性。

实例 51+ 视频：制作挥动翅膀的动画角色

使用"3D 旋转工具"可以轻松制作出对象元件在不同方向上的旋转效果。同时可以配合"变形"面板实现准确的旋转角度，接下来制作翅膀舞动的动画效果。

源文件：源文件 \ 第 10 章 \10-1-1.fla

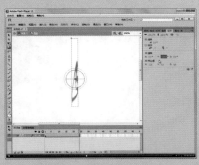

操作视频：视频 \ 第 10 章 \10-1-1.swf

01 ▶ 新建一个 Flash 文档，新建一个"名称"为"翅膀"的"影片剪辑"元件。

02 ▶ 执行"文件 > 导入 > 导入到舞台"命令，将"素材 \ 第 10 章 \101101.png"文件导入到场景中。

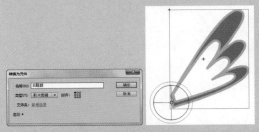

03 ▶ 选中图像，按下 F8 键将其转换为名称为"右翅膀"的"影片剪辑"元件。使用"3D 旋转工具"调整元件中心点的位置。

04 ▶ 在第 1 帧上单击鼠标右键，选择"补间动画"命令。移动播放头到第 24 帧位置，执行"窗口 > 变形"命令，打开"变形"面板。

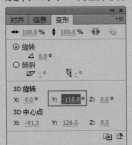

05 ▶ 在"变形"面板中修改"3D 旋转"选项下的"Y 旋转"的值为 -110°。

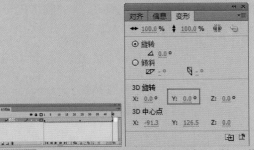

06 ▶ 在第 40 帧位置按下 F5 键插入帧，修改"Y 旋转"的值为 0°。

只有影片剪辑元件才可以使用"3D 旋转工具"完成 3D 旋转动画的制作。图形和按钮元件无法使用 3D 工具制作动画。

07 ▶返回"场景 1"，将元件"翅膀"从"库"面板中拖入两个实例到场景中。对左侧元件执行"修改 > 变形 > 水平翻转"命令。

08 ▶新建一个图层，将"素材 \ 第 10 章 \ 101102.png"文件导入到场景中。使用"任意变形工具"调整对象的大小和位置。

09 ▶按下快捷键 Ctrl+Enter 测试动画效果，可以看到挥动翅膀的动画效果。

提问：为什么不使用 3D 旋转工具直接拖动元件？

答：由于 3D 旋转工具是针对 x、y 和 z 3 个轴移动的，直接在元件上拖动可能会同时影响其他两个轴，使动画效果变得混乱。所以建议在"变形"面板中进行操作，以便获得准确的动画效果。

10.1.2 3D 平移动画

使用"3D 平移工具"可以在 3D 空间中移动影片剪辑实例，在使用该工具选择影片剪辑后，影片剪辑的 x、y 和 z 3 个轴将显示在舞台上对象的顶部，x 轴控件为红色、y 轴控件为绿色，而 z 轴控件为蓝色。

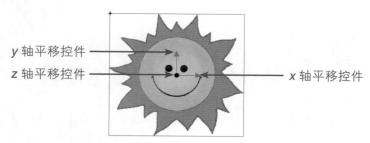

y 轴平移控件

z 轴平移控件

x 轴平移控件

单击并拖动 x 轴控件可使实例沿着 x 轴方向移动；单击并拖动 y 轴控件可使实例沿着 y 轴方向移动；单击并拖动 z 轴控件可使实例沿着 z 轴方向更改大小。平移动画在制作实例的由近到远、由远到近及进出场效果时，具有较好的立体感，使动画更加生动。

▶ 实例 52+ 视频：制作角色推进动画效果

使用 3D 平移工具可以实现元件实例的拉近和推远。在下面的实例中通过对一个原地行走的影片剪辑元件的 3D 平移操作，实现角色推进动画效果。

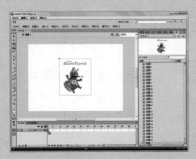

源文件：源文件 \ 第 10 章 \10-1-2.fla　　　操作视频：视频 \ 第 10 章 \10-1-2.swf

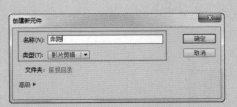

01 ▶ 新建一个 Flash 文档，新建一个"名称"为"奔跑"的"影片剪辑"元件。

02 ▶ 将"素材 \ 第 10 章 \101201.png"文件导入到元件场景中，观察时间轴效果。

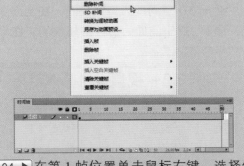

03 ▶ 返回"场景 1"，将"奔跑"元件从"库"面板中拖入到场景中。使用"3D 平移工具"在 z 轴控件上拖动，使元件远离。

04 ▶ 在第 1 帧位置单击鼠标右键，选择创建"补间动画"命令。移动播放头到时间轴第 50 帧位置，按下 F5 键插入帧。

提示　选中多个影片剪辑实例，使用"3D 旋转工具"和"3D 平移工具"旋转或平移其中一个，其他对象将以相同的方式旋转，按住 Shift 键单击其他对象可把控件移动到该对象上。

05 ▶ 使用"3D平移工具"在 z 轴控件上拖动，使元件拉近。

06 ▶ 按下快捷键 Ctrl+Enter 测试动画，观察动画角色逐步走近的动画效果。

提问：3D 平移动画和放大缩小对象一样吗？

答：3D 平移对象实现的是一种对象由远及近的动画效果。对象本身的大小并没有改变。而放大缩小对象是直接改变了元件的大小，对元件的位置没有改变。

10.1.3 全局转换和局部转换

"3D平移工具"和"3D旋转工具"都允许在全局3D空间或局部3D空间中操作对象。"3D平移工具"和"3D旋转工具"默认模式为全局模式，如果要在局部模式中使用这些工具，可单击工具箱中"选项"部分的"全局转换"按钮。

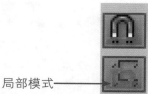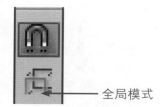

局部模式 ←——————   ——————→ 全局模式

全局 3D 空间即为舞台空间，在全局 3D 空间旋转和平移对象与相对舞台旋转和平移等效；局部 3D 空间即为影片剪辑空间，在局部 3D 空间旋转和平移对象与相对影片剪辑内旋转和平移等效。

➡ 实例 53+ 视频：制作翻转的扑克牌动画

使用"3D旋转工具"和"3D平移工具"可以轻松实现元件的翻转和平移动画效果。下面的实例中配合使用"全局转换"和"局部转换"功能，实现更丰富的动画效果。

 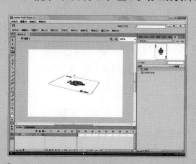

🏠 源文件：源文件 \ 第 10 章 \10-1-3 . fla   📶 操作视频：视频 \ 第 10 章 \10-1-3 . swf

01 ▶ 新建 Flash 文档，新建一个 "名称" 为 "扑克" 的 "影片剪辑" 元件。

02 ▶ 将 "素材 \ 第 10 章 \101301.png" 文件导入场景中。返回 "场景 1"，将元件 "扑克" 从 "库" 面板拖到场景中。

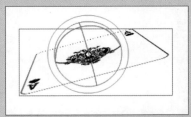

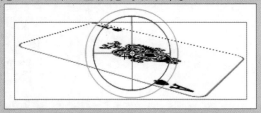

03 ▶ 使用 "3D 旋转工具" 在 z 轴和 y 轴上旋转元件。

04 ▶ 单击工具箱底部的 "全局转换" 按钮，切换到 "局部模式"，将元件在 y 轴上旋转。

05 ▶ 在时间轴第 1 帧位置单击鼠标右键，选择 "创建补间动画" 命令，并使用 "3D 平移工具" 使其在 z 轴上远离。

06 ▶ 在时间轴第 45 帧位置按下 F5 键插入帧。使用 "3D 平移工具" 使元件在 z 轴上拉近。

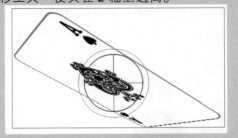

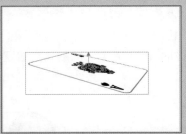

07 ▶ 使用 "3D 旋转工具" 分别在 "全局模式" 和 "局部模式" 下旋转元件。在时间轴第 50 帧位置按下 F5 键插入帧。

08 ▶ 按下快捷键 Ctrl+Enter 测试动画，观察瞬间飞近的扑克牌效果。

提示　可以把全局模式理解成 "公转"，将局部模式理解成 "自转"。合理利用这两种模式，可以制作出更丰富的动画效果。

提问：什么情况下选择"全局模式"？什么情况下选择"局部模式"？

答：如果需要对影片剪辑内部对象进行3D操作，可以选择"局部模式"。例如人物角度的调整。如果是需要调整元件相对于整个场景的效果，可以选择"全局模式"。例如人物元件在场景中的平移和旋转。

10.1.4 透视点和消失点

当使用"3D旋转工具"或"3D平移工具"单击舞台中的影片剪辑实例时，"属性"面板中将显示相应的参数。通过调整"透视角度"和"消失点"的数值，可以获得更加逼真的动画效果。

透视角度 →

← 消失点

"透视角度"数值用来设置影片剪辑实例在3D空间进行旋转或平移时的透视角度。该值越大，3D对象看起来越接近查看者。默认透视角度为55°视角，类似于普通照相机的镜头，值的范围为1°~180°。

透视 55° 效果

透视 1° 效果

"消失点"数值用来控制舞台中3D影片剪辑实例的 *z* 轴方向，FLA文件中所有3D影片剪辑的 *z* 轴都朝着消失点后退，通过重新定位消失点，可以更改沿 *z* 轴平移对象时对象的移动方向，消失点的默认位置是舞台中心。

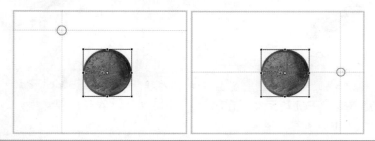

通过修改消失点的位置，可以更加准确控制3D平移动画的起点或终点，使动画效果更符合实际生活中的规律。

10.2　制作 Deco 动画

"Deco 工具"可以使用默认元素或元件作为基本图形，自由填充到舞台。"Deco 工具"的功能非常强大，可快速在舞台中创建更为复杂的几何形状和图案。

单击工具箱中的"Deco 工具"按钮或按快捷键 U，"属性"面板中显示其对应的属性。在 Flash CS6 中一共提供了 13 种绘制效果，包括藤蔓式填充、网格填充、对称刷子、3D 刷子、建筑物刷子、装饰性刷子、火焰动画、火焰刷子、花刷子、闪电刷子、粒子系统、烟动画和树刷子。

 提示　"藤蔓式填充"、"火焰动画"、"闪电刷子"、"粒子系统"和"烟动画"可以直接制作动画效果，其他的效果只能生成静态效果。

10.2.1　使用"藤蔓式填充"

利用"藤蔓式填充"效果，可以用藤蔓式图案填充舞台、元件或封闭区域。通过从库中选择元件，可以替换系统默认的叶子和花朵的插图。生成的图案将包含在影片剪辑中，而影片剪辑本身包含组成图案的元件。

可以通过设置"图案缩放比例"和"段长度"以实现不同大小和不同密度的填充效果。同时可以对填充的分支角度进行设置，以实现丰富的变化效果。

➡ 实例 54+ 视频：制作动态填充动画背景

使用"藤蔓式填充"可以轻松地为场景或图形填充图案，从而快速产生填充效果丰富的图形效果。同时可以将这个过程以逐帧的方式记录下来，并参与动画的播放。

🏠 源文件：源文件 \ 第 10 章 \10-2-1.fla　　🔊 操作视频：视频 \ 第 10 章 \10-2-1.swf

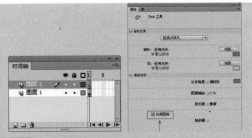

01 ▶ 新建一个 Flash 文档，设置"填充颜色"为 #009999，使用"矩形工具"在场景中绘制一个矩形。

02 ▶ 新建"图层 2"，单击工具箱上的"Deco 工具"按钮，勾选"属性"面板上的"动画图案"选项。

03 ▶ 在图形左侧位置单击，即可看到藤蔓填充的动画效果。

04 ▶ 直到将矩形全部使用藤蔓填充后，就会停止动画的创建，完成逐帧动画的制作。

05 ▶ 新建图层，分别制作文字和图像的淡出动画效果，丰富整个动画的层次。

06 ▶ 按下快捷键 Ctrl+Enter 测试动画，观察 Deco 制作的藤蔓填充动画效果。

提问：Deco 工具生成的图形可以编辑吗？

答：Deco 工具以组的方式保存图形，如果对图形的属性不满意，可以通过双击该对象，进入图形对应的组进行编辑。完成后单击"场景 1"文字，即可返回场景编辑。

可以在"属性"面板中为藤蔓式填充指定不同的"树叶"和"花"的元件。前提是需要在"库"面板中有对应的元件对象。

10.2.2 使用"火焰动画"

使用"火焰动画"效果可以创建程式化的逐帧火焰动画。选择"Deco 工具"，再选择"火焰动画"模式，在场景中单击即可完成火焰动画的制作。

通过在"属性"面板中设置火焰的"宽度"和"高度"，制作出不同尺寸大小的火焰。

设置"火速"的数值，可以调整动画的速度。设置"火持续时间"可以设置动画过程中在时间轴上创建的帧数。设置"火焰颜色"和"火焰心颜色"的颜色可以改变动画中火苗的颜色和火焰心的颜色。设置"火花"的数值，用来设置火源底部各个火焰的数量。

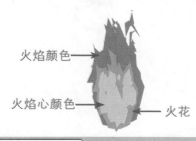

火焰颜色

火焰心颜色　　　　　　　　　火花

实例 55+ 视频：燃烧的蜡烛动画效果

　　使用"火焰动画"模式可以快速制作出火焰燃烧的动画效果。通过在"属性"面板上设置动画的各项参数，可以实现各种各样的火焰动画。本实例将制作蜡烛燃耗的效果。

　　源文件：源文件 \ 第 10 章 \10-2-2. fla

　　操作视频：视频 \ 第 10 章 \10-2-2. swf

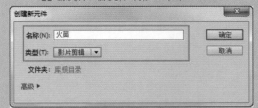

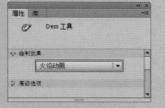

01 ▶ 新建 Flash 文档，新建一个"名称"为"火苗"的"影片剪辑"元件。

02 ▶ 单击"Deco 工具"按钮，在"属性"面板中选择"火焰动画"模式。

03 ▶ 在"高级选项"下勾选"结束动画"选项。

04 ▶ 在场景中单击，创建火焰燃烧的逐帧动画效果。

提示　　勾选"结束动画"复选框，可创建火焰燃尽而不是持续燃烧的动画。Flash 会在指定的火焰持续时间后添加其他帧，以造成烧尽效果。如果要循环播放完成的动画，以创建持续燃烧的效果，请不要选择此选项。

05 ▶ 返回"场景 1",将"素材 \ 第 10 章 \ 102201.jpg"文件导入到场景中,并使用"任意变形工具"调整其大小。

06 ▶ 将"火苗"元件从"库"面板拖到场景中,并使用"任意变形工具"调整其大小和位置。

07 ▶ 使用相同的方法,将"火苗"元件拖到另一个烛台上。

08 ▶ 按快捷键 Ctrl+Enter 测试动画,观察火苗燃烧的动画效果。

提问: 使用火焰动画模式制作动画有什么技巧?

答: 为了方便使用动画,通常是将火焰动画制作成一个影片剪辑元件,可以方便多次使用。通过修改"火持续时间",可以修改火焰燃烧的速度。修改火焰的颜色可以获得更丰富的动画效果。

10.2.3 使用"闪电刷子"

使用闪电刷子除了可以创建静电闪电效果外,还可以创建具有动画效果的闪电动画。选择"Deco 工具",再选择"闪电刷子"模式,将鼠标移至舞台中的任意位置单击并拖动,Flash 将沿着鼠标移动的方向绘制闪电。

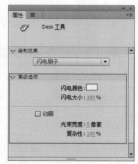

用户可以在"属性"面板中设置"闪电颜色"、"闪电大小"、"光束宽度"和"复杂性",以实现更加丰富的闪电效果。勾选"动画"复选框,可以制作闪电从出现到消失的动画效果。

➡ **实例 56+ 视频：制作大雨来临的场景**

使用"闪电刷子"模式可以轻松制作出闪电的动画效果，并且可以随意控制闪电的角度和效果。本实例中将通过制作一个闪电效果，模拟大雨来临前的场景效果。

🏠 源文件：源文件 \ 第 10 章 \10-2-3.fla　　　　🔊 操作视频：视频 \ 第 10 章 \10-2-3.swf

01 ▶ 新建 Flash 文档，将"素材 \ 第 10 章 \ 102301.jpg"文件导入到场景中。

02 ▶ 按下快捷键 Ctrl+F8，新建一个"名称"为"闪电"的"影片剪辑"元件。

03 ▶ 单击"Deco 工具"按钮，选择"闪电刷子"选项，在"属性"面板上勾选"动画"选项。设置闪电的"复杂性"为 50%。

04 ▶ 在场景中按下鼠标左键，从右上角向左下角拖曳，制作出闪电动画效果，观察时间轴变化效果。

05 ▶ 在时间轴最后 1 帧位置按下 F7 键插入空白关键帧，在 35 帧位置按下 F5 键插入帧，实现闪电闪烁以后的停顿效果。

06 ▶ 返回"场景 1"，将元件"闪电"从"库"面板拖到场景中，并调整其位置和大小以适合动画背景。

07 ▶ 再使用相同的方法，制作其他几个闪电动画元件，并拖入到场景中。

08 ▶ 按下快捷键 Ctrl+Enter 测试动画，观察闪电动画效果。

提问：如何制作逼真的闪电动画？

答：模拟逼真的闪电动画效果，除了要使用闪电刷子模式创建闪电动画以外，还要配合制作当闪电滑过时天空瞬间变亮，闪电消失时天空恢复原状的补间动画，以烘托整个动画的效果。

10.2.4 使用"粒子系统"

使用粒子系统效果，可以创建类似火、烟、水和气泡的动画效果。用户可以首先在Flash 中创建不同效果的元件，然后在"属性"面板中选择它作为粒子对象，就可以通过在场景中单击创建粒子动画效果了，可以同时选择两个元件作为粒子动画的组成部分。粒子动画将以逐帧动画的方式制作。

➡ 实例 57+ 视频：制作元宝从天降的动画效果

制作动画时，常常为大量相同动画效果的制作而耗费大量时间，使用粒子模式可以轻松完成这种动画效果，本实例中首先制作两个元件，然后将这两个元件应用到粒子系统中。

🏠 源文件：源文件 \ 第 10 章 \10-2-4.fla

📡 操作视频：视频 \ 第 10 章 \10-2-4.swf

01 ▶新建 Flash 文档，新建一个"名称"为"金币"的"图形"元件。

03 ▶使用相同的方法再次创建一个"名称"为"元宝"的"图形"元件。

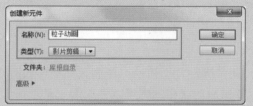

05 ▶新建一个"名称"为"粒子动画"的"影片剪辑"元件。

07 ▶使用相同的方法将"元宝"元件指定给"粒子 2"选项。

09 ▶在场景中单击，观察生成的粒子动画效果。

02 ▶将"素材 \ 第 10 章 \102401.png"文件导入到场景中并调整其大小。

04 ▶将"素材 \ 第 10 章 \102402.png"文件导入到场景中并调整其大小。

06 ▶单击"Deco 工具"按钮，单击"属性"面板中"粒子 1"选项后面的"编辑"按钮，选择"元宝"元件。

08 ▶修改"高级选项"下面的"寿命"选项为 70 帧。

10 ▶返回场景中，按快捷键 Ctrl+R，将"素材 \ 第 10 章 \102403.jpg"图像导入。

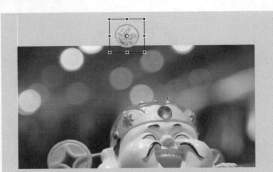

`11 ▶` 新建"图层 2",从"库"面板中拖曳出"粒子动画"元件,并调整其大小。

`12 ▶` 按快捷键 Ctrl+S 将文档保存,按快捷键 Ctrl+Enter 测试动画效果。

提问:如何翻转粒子动画的方向?

答:使用粒子系统时,默认的动画方向是从上向下,如果用户需要将粒子动画翻转,由下向上播放,可以在选中"粒子动画"的实例后,执行"修改 > 变形 > 垂直翻转"命令,即可使动画翻转播放。

10.2.5 使用"烟动画"

烟动画效果可以创建程序化的逐帧烟动画,在"属性"面板的"绘制效果"下拉列表中选择"烟动画"选项,设置完成后,在舞台中单击拖动鼠标,即可以生成烟效果。

➡ 实例 58+ 视频:制作热气腾腾的咖啡动画

制作动画时,常常为大量相同动画效果的制作而耗费大量时间,使用粒子模式可以轻松完成这种动画效果,本实例中首先制作两个元件,然后将这两个元件应用到粒子系统中。

🏠 源文件:源文件 \ 第 10 章 \10-2-5.fla　　📶 操作视频:视频 \ 第 10 章 \10-2-5.swf

01 ▶ 执行 "文件 > 新建" 命令，在弹出的 "新建文档" 对话框中设置各项参数。

02 ▶ 执行 "插入 > 新建元件" 命令，新建 一个 "名称" 为 "热气" 的 "影片剪辑" 元件。

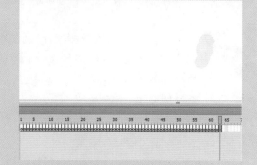

03 ▶ 单击工具箱中的 "Deco 工具" 按钮，打开 "属性" 面板，设置各项参数。

04 ▶ 设置完成后在舞台中单击，此时系统 将自动创建帧，并且生成烟动画效果。

05 ▶ 按住 Shift 键单击 "时间轴" 面板中 的第 1 帧和第 70 帧，将 1 ~ 70 帧全部选中。

06 ▶ 右键单击任意一帧，在弹出的快捷菜 单中选择 "删除帧" 命令。

07 ▶ 返回 "场景 1"，按快捷键 Ctrl+R，将 "素材 \ 第 10 章 \102501.jpg" 图像导入。

08 ▶ 新建 "图层 2"，将 "库" 面板中的 "热 气" 元件拖曳到舞台中。

09 ▶ 按快捷键 Ctrl+S，将文档保存为"源文件\第10章\10-2-5.fla"。

10 ▶ 按快捷键 Ctrl+Enter，测试动画中热气腾腾的烟效果。

提问： 为什么要将烟动画的前 70 帧删除？

答： 因为烟动画的前 70 帧是所有烟重叠的部分，此时的烟效果非常浓厚，这样会使热气不够逼真，所以为了动画的整体效果，前 70 帧的删除是非常有必要的。

10.2.6 使用"网格填充"

在"绘制效果"下拉列表中选择"网格填充"选项，使用该填充效果，可以利用"库"面板中的元件填充场景、元件或封闭区域中，从而实现类似壁纸的效果。

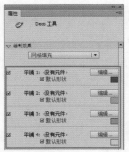

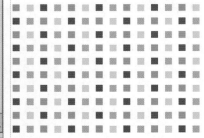

将网格填充运用到场景后，如果移动填充元件或调整其大小，则网格填充将随之移动或调整大小。

10.2.7 使用"对称刷子"

使用"对称刷子"填充效果可以围绕中心点对称排列元件。在场景中绘制元件时，将显示一个手柄，可以使用手柄通过增加元件数、添加对称内容，或者以编辑和修改效果的方式来控制对称效果。

使用对称刷子效果可以创建圆形用户界面元素（如模拟钟面或仪表盘）和旋涡图案。对称刷子效果的默认元件是 25×25 像素、无笔触的黑色矩形形状。

 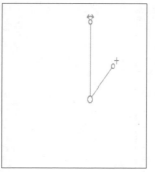 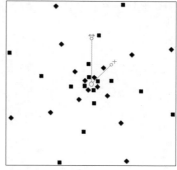

10.2.8　使用"3D 刷子"

使用"3D 刷子"填充效果，用户可以在场景中对某个元件的多个实例涂色，使其具有 3D 透视效果。Flash 通过在舞台顶部（背景）附近缩小元件，并在舞台底部（前景）附近放大元件来创建 3D 透视。无论它们的绘制顺序如何，接近舞台底部绘制的元件位于接近舞台顶部的元件之上。

用户可以在绘制图案中包括 1 ～ 4 个元件。舞台上显示的每个元件实例都位于其自身的组中。可以直接在舞台上、形状或元件内部涂色。如果在形状内部涂色首先单击 3D 刷子，则 3D 刷子仅在形状内部处于活动状态。

10.2.9　使用"建筑物刷子"

使用"建筑物刷子"填充效果可以在舞台上绘制建筑物。建筑物的外观取决于为建筑物设置的属性值，用户可以根据自己的需要选择不同的建筑物并进行绘制。

 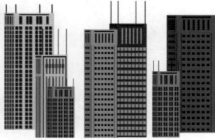

10.2.10　使用"装饰性刷子"

在"绘制效果"下拉列表中选择"装饰性刷子"选项，使用该填充效果，用户可以绘制装饰线，例如点线、波浪线及其他线条。在 Flash 中一共提供了 20 种装饰性刷子。制作动画时要多尝试，以便获得最适合的效果。

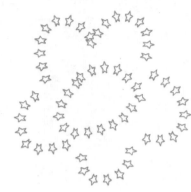

10.2.11　使用"火焰刷子"

在"绘制效果"下拉列表中选择"火焰刷子"选项，使用该填充效果，用户可以在时间轴的当前帧中的舞台上绘制火焰。

10.2.12　使用"花刷子"

在"绘制效果"下拉列表中选择"花刷子"选项，使用该填充效果，用户可以在时间轴的当前帧中绘制程序化的花朵效果。

10.2.13　使用"树刷子"

使用"树刷子"填充效果，用户可以快速创建树状插图，Flash 一共为用户提供了 20 种树样式。

10.3　本章小结

　　本章主要为用户介绍了"3D 工具"和"Deco 工具"的使用方法，通过"3D 工具"可以制作出 3D 动画效果，同时也可以为动画添加透视效果；而使用"Deco 工具"可以制作出一些普通工具难以绘制出的图像效果，例如火焰、花朵和树等图案。

　　使用这些工具可以大大提高用户工作的效率，并帮助用户制作出更加精彩多样的动画效果。

第 11 章 创建角色动画

本章将对 Flash 中的骨骼动画进行详细讲解。通过创建骨骼动画，可以快速制作出自然、流畅的动画效果，大大提高工作效率。

11.1 关于骨骼动画

骨骼动画是一种使用骨骼对对象进行动画处理的方式，这些骨骼按父子关系链接成线性或枝状的骨架。当一个骨骼移动时，与其链接的骨骼也发生相应的移动。

在 Flash 中，用户可以通过两种方式创建骨骼动画，分别是向形状添加骨骼和向元件添加骨骼。

11.1.1 向形状添加骨骼

在 Flash 中，可以将骨骼添加到同一图层的单个形状或一组形状，添加骨骼之后，Flash 会将所有形状和骨骼转换为一个 IK 形状对象，并将该对象移至一个新的姿势图层中。

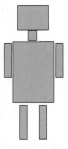

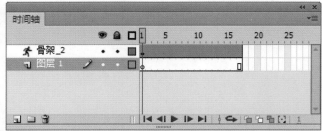

实例 59+ 视频：创建人物行走骨骼动画

本实例制作的是人物行走骨骼动画，首先绘制形状，然后通过"骨骼工具"为形状添加骨骼，通过本实例的学习，读者可以掌握向形状添加骨骼的方法和技巧。

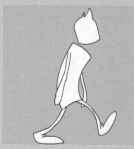

源文件：源文件 \ 第 11 章 \11-1-1.fla

操作视频：视频 \ 第 11 章 \11-1-1.swf

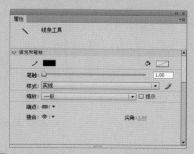

01 ▶ 执行"文件 > 新建"命令，新建一个默认大小的空白文档。

02 ▶ 选择"线条工具"，打开"属性"面板，在该面板中进行设置。

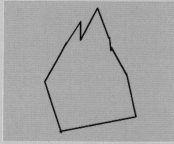

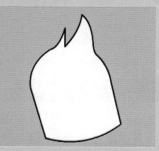

03 ▶ 在舞台中单击并拖动鼠标，绘制多条直线。

04 ▶ 使用"选择工具"进行调整，使用"颜料桶工具"为其填充白色。

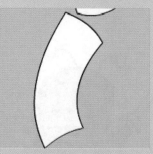

05 ▶ 使用相同的方法，绘制出人物的身子部分。

06 ▶ 使用相同的方法，绘制出人物的腿部和胳膊。

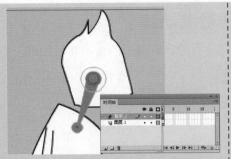

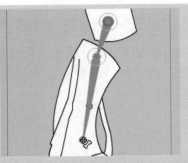

07 ▶ 选择"骨骼工具",单击并拖动鼠标创建第一个骨骼。

08 ▶ 单击第一个骨骼的尾部并拖动鼠标创建第二个骨骼。

09 ▶ 使用相同的方法,完成人物其他骨骼的创建。

10 ▶ 执行"文件 > 另存为"命令,在弹出的"另存为"对话框中进行设置,保存文件。

提问 提问:骨骼的显示方式有几种?

答:在 Flash 中创建骨骼动画后,可以在"属性"面板中设置骨骼的显示方式,分别是线框、实线、线和无。

11.1.2　向元件添加骨骼

在 Flash 中,可以向"影片剪辑"、"图形"和"按钮"元件实例添加骨骼,在添加骨骼之前,元件实例可以位于一个图层,也可以位于不同的图层,Flash 都会将它们添加到姿势图层中。

在创建骨架之后,还可以向该骨架继续添加其他图层中的新实例,添加之后,Flash 会自动将该实例添加到骨架的姿势图层中。

在 Flash 中为元件实例添加骨骼后，Flash 会自动将元件实例的中心点移动到骨骼的连接点。

实例 60+ 视频：调整人物骨骼动画

本实例将讲解如何对骨骼动画进行调整，在制作的过程中，主要通过"属性"面板固定和约束骨骼动画，通过本实例的学习，可以掌握调整骨骼动画的方法和技巧。

源文件：源文件 \ 第 11 章 \11-1-2.fla

操作视频：视频 \ 第 11 章 \11-1-2.swf

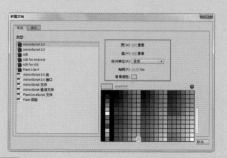

01 ▶ 执行"文件 > 新建"命令，在弹出的"新建文档"对话框中进行设置。

02 ▶ 按快捷键 Ctrl+R，导入"素材 \ 第 11 章 \111201.png"。

03 ▶ 按 F8 键，在弹出的"转换为元件"对话框中进行设置。

04 ▶ 使用相同的方法，导入其他素材并转换为影片剪辑元件。

在 Flash 中制作骨骼动画时，无论元件是位于一个图层还是位于不同的图层，Flash 都会将元件实例添加到同一个姿势图层中。

05 ▶ 选择"骨骼工具",单击并拖动鼠标创建第一个骨骼。

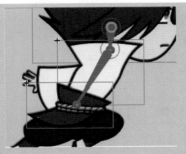

06 ▶ 单击第一个骨骼的尾部,拖动到其他实例,创建第二个骨骼。

07 ▶ 使用相同的方法,完成人物其他骨骼的创建。

08 ▶ 选择不同的元件,执行"修改>排列"菜单中的命令,调整实例的堆叠顺序。

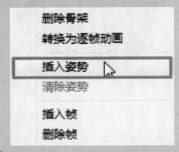

09 ▶ 使用鼠标右击姿势图层的第15帧位置,在弹出的快捷菜单中选择"插入姿势"命令,插入姿势。

10 ▶ 使用"选择工具"选择"头部"骨骼,在"属性"面板中勾选"固定"复选框,即可约束骨骼运动。

11 ▶ 单击"属性"面板中的"子级"按钮和"下一个同级"按钮,选择"手臂"骨骼。

12 ▶ 在"属性"面板中勾选"联接:旋转"选项下的"启用"和"约束"复选框,即可设置当前骨骼在舞台中的旋转。

13 ▶ 执行"文件 > 另存为"命令，在弹出的"另存为"对话框中进行设置。

14 ▶ 单击"保存"按钮，按快捷键 Ctrl+Enter，测试动画效果。

提问：为何有时不能添加骨骼？

答：因为在 Flash 中无论是向形状添加骨骼，还是向元件添加骨骼，都必须首先选择所有对象，然后才能添加第一个骨骼。

11.1.3　约束骨骼动画

在 Flash 中创建骨骼动画后，选择 IK 骨架中的一个骨骼，即可在打开的"属性"面板中控制该骨骼的运动自由度。

联接：旋转

联接：Y 平移

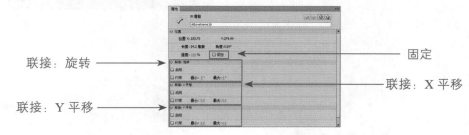

固定

联接：X 平移

● **固定**

勾选"固定"复选框，所选骨骼将被固定，被固定的骨骼在任何方向都无法移动，但是附加到该骨骼的其他骨骼仍然可以自由运动。

● **联接：旋转**

勾选"启用"复选框，所选骨骼即可环绕连接点旋转。勾选"约束"复选框，即可设置所选骨骼旋转角度的"最小"值和"最大"值。

● **联接：X 平移**

勾选"启用"复选框，即可设置所选骨骼在舞台中的位移。勾选"约束"复选框，即可设置所选骨骼沿 x 轴平移的"最小"值和"最大"值。

● **联接：Y 平移**

勾选"启用"复选框，即可设置所选骨骼在舞台中的位移。勾选"约束"复选框，即可设置所选骨骼沿 y 轴平移的"最小"值和"最大"值。

在 Flash 中为元件实例创建骨骼动画时，需要注意的是，每一个元件实例中只能包含一个骨骼。

实例 61+ 视频：制作小猫行走动画

本实例制作的是小猫行走在场景中的动画，在制作的过程中，重点掌握如何通过"属性"面板约束骨骼动画，从而使动画更加逼真。

源文件：源文件 \ 第 11 章 \11-1-3. fla

操作视频：视频 \ 第 11 章 \11-1-3. swf

01 ▶ 执行"文件 > 新建"命令，在弹出的"新建文档"对话框中进行设置。

02 ▶ 按快捷键 Ctrl+R，导入"素材 \ 第 11 章 \111301.png"。

03 ▶ 执行"插入 > 新建元件"命令，在弹出的"创建新元件"对话框中进行设置。

04 ▶ 单击"确定"按钮，使用相同的方法，导入"素材 \ 第 11 章 \111302.png"。

05 ▶ 使用相同的方法，创建影片剪辑元件并导入素材。

06 ▶ 新建整体动画元件，将其他元件拖入舞台，并调整排列顺序。

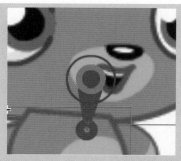

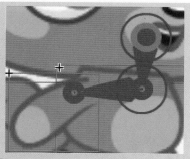

07 ▶选择"骨骼工具"，单击并拖动鼠标
创建第一个骨骼。

08 ▶单击第一个骨骼的尾部，拖动到其他
实例，创建第二个骨骼。

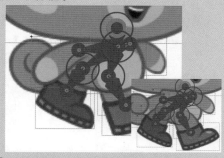

09 ▶使用相同的方法，完成人物其他骨骼
的创建并调整堆叠顺序。

10 ▶在姿势图层的第 3 帧位置，按 F6 键
插入姿势，选择第一个骨骼。

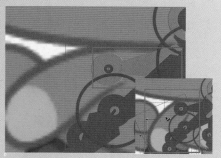

11 ▶在"属性"面板中勾选"固定"复
选框。

12 ▶选择第二个骨骼，单击并拖动调整
其位置。

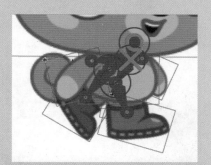

13 ▶使用相同的方法，完成其他人物骨骼
的调整。

14 ▶使用相同的方法，分别在其他帧位置
插入姿势，调整骨骼的形状。

15 ▶ 返回"场景 1"编辑状态，新建"图层 2"，将"整体动画"从"库"面板拖入舞台中。

16 ▶ 在"图层 1"的第 100 帧位置按 F5 键插入帧，在"图层 2"的第 100 帧位置按 F6 键插入关键帧，并调整元件的位置。

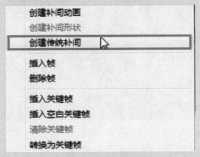

17 ▶ 使用鼠标右击"图层 2"的第 1 帧位置，在弹出的快捷菜单中选择"创建传统补间"命令。

18 ▶ 执行"文件 > 另存为"命令，在弹出的"另存为"对话框中进行设置。

19 ▶ 单击"保存"按钮，完成小猫行走骨骼动画的制作，按快捷键 Ctrl+Enter，测试动画效果。

提问：如何编辑 IK 骨骼和对象？

答：在为形状或元件实例添加 IK 骨架之后，可以使用"选择工具"或"部分选取工具"对骨骼和对象进行不同的编辑，以使动画更加逼真。

11.2　使用绑定工具

在 Flash 的默认情况下，形状的控制点连接到距离它们最近的骨骼，但是用户可以使用"绑定工具"调整骨骼和形状控制点的连接，不仅可以将多个控制点绑定在一个骨骼，还可以将多个骨骼绑定在一个控制点。

"绑定工具"适合于移动骨架时，形状的笔触没有按照希望的那样扭曲，通过"绑定工具"可以获得更好的结果。

● **删除控制点**

按住 Ctrl 键的同时单击以黄色加亮显示的控制点，也可以在按住 Ctrl 键的同时拖动删除选定骨骼中的多个控制点。

● **向控制点添加骨骼**

如果需要向选定的控制点添加其他骨骼，按住 Shift 键的同时单击骨骼即可添加骨骼。

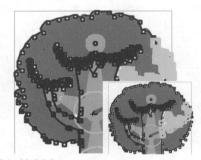

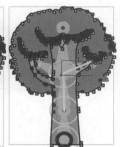

● **添加控制点**

按住 Shift 键的同时单击某个未加亮显示的控制点，也可以按住 Shift 键的同时拖动选择要添加到选定骨骼的多个控制点。

● **从控制点中删除骨骼**

如果要从选定的控制点中删除骨骼，按住 Ctrl 键的同时单击以黄色加亮显示的骨骼即可。

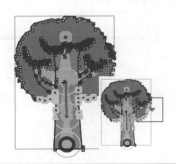

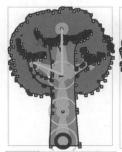

使用"绑定工具"单击骨骼，选定的骨骼以红色加亮显示，已连接的点以黄色加亮显示，仅连接到一个骨骼的控制点显示为方形，连接到多个骨骼的控制点显示为三角形。

11.3 向骨骼添加缓动

　　为 IK 骨架添加"缓动"可以调整各个姿势前后帧中的动画速度，以产生更加逼真的运动效果。"缓动"可以添加在姿势帧中，也可以添加在两个姿势帧之间的帧中，其被称为干扰帧。

　　单击"时间轴"姿势图层中的姿势帧或干扰帧，在"属性"面板中即可为其添加"缓动"属性。

　　将"缓动"添加到干扰帧上时，"缓动"会影响选定帧左侧和右侧的姿势帧之间的帧，将"缓动"添加在姿势帧上时，"缓动"会影响选定姿势和图层中下一个姿势之间的帧。

➡ 实例 62+ 视频：制作风中草丛动画

　　本实例制作的是在风中飘动的草丛动画，在制作的过程中主要通过制作骨骼动画，再为其添加"缓动"属性来实现动画的效果。

🏠 源文件：源文件 \ 第 11 章 \11-3.fla

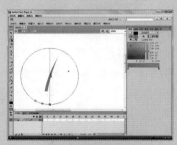

🔊 操作视频：视频 \ 第 11 章 \11-3.swf

01 ▶ 执行"文件 > 新建"命令，在弹出的"新建文档"对话框中进行设置。

02 ▶ 按快捷键 Ctrl+R，导入"素材 \ 第 11 章 \11301.png"。

03 ▶ 执行"插入 > 新建元件"命令，在弹出的"创建新元件"对话框中进行设置。

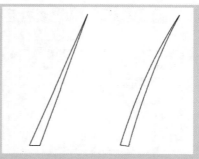

04 ▶ 使用"线条工具"绘制直线，并进行调整。

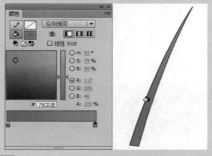

05 ▶ 在"颜色"面板中设置 #75A22B 到 #75CD2E 的"径向渐变"，并进行填充。

06 ▶ 删除线条，使用"渐变变形工具"调整渐变。

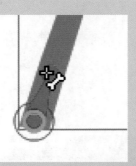

07 ▶ 使用"骨骼工具"，单击并拖动鼠标，创建第一个骨骼。

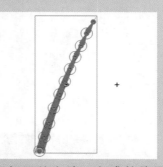

08 ▶ 使用相同的方法，完成其他骨骼的创建。

09 ▶ 在姿势图层的第 20 帧位置按 F6 键插入姿势，使用"选择工具"进行调整。

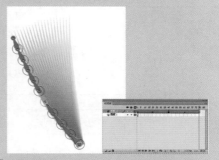

10 ▶ 使用相同的方法，完成其他姿势的插入和调整。

11 ▶ 选择姿势图层，在"属性"面板中设置其"缓动"属性。

12 ▶ 使用相同的方法，完成其他影片剪辑元件的制作。

13 ▶ 返回"场景 1"，新建"图层 2"，将元件拖入舞台，并调整其位置。

14 ▶ 使用相同的方法，完成草丛其他部分的制作。

15 ▶ 执行"文件 > 另存为"命令，在弹出的"另存为"对话框中进行设置，单击"保存"按钮，保存文件，完成实例的制作，按快捷键 Ctrl+Enter，测试动画效果。

提问

提问："缓动"属性中的"强度"指什么？

答：为骨骼动画添加"缓动"属性时，默认强度是 0，即表示无缓动；其最大值是 100，可以实现加速运动；其最小值是 -100，可以实现减速运动。

11.4 向骨骼添加弹簧

在 Flash 中可以为骨架或骨骼添加"弹簧"属性，体现真实的物理移动效果，从而使动画效果具有很高的可配置性。

单击姿势图层，在"属性"面板中勾选"弹簧"选项中的"启用"复选框，或者在舞台中选择其中的一个骨骼，在"属性"面板中设置"弹簧"属性。

实例 63+ 视频：制作小女孩奔跑弹跳动画

本实例制作的是一个小女孩奔跑弹跳的动画，在制作的过程中，首先为其添加骨骼，然后为骨骼动画添加弹簧属性，最终完成实例的制作。

🏠 源文件：源文件 \ 第 11 章 \11-4.fla

📶 操作视频：视频 \ 第 11 章 \11-4.swf

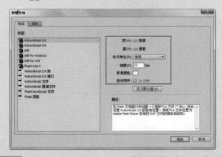

01 ▶ 执行"文件 > 新建"命令，在弹出的"新建文档"对话框中进行设置。

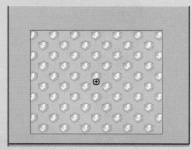

02 ▶ 按快捷键 Ctrl+R，在弹出的"导入"对话框中选择"素材 \ 第 11 章 11401.png"。

03 ▶ 执行"插入 > 新建元件"命令，在弹出的"创建新元件"对话框中进行设置。

04 ▶ 单击"确定"按钮，使用相同的方法，导入"素材 \ 第 11 章 \11402.png"。

05 ▶ 使用相同的方法，创建影片剪辑元件并导入素材。

06 ▶ 新建"整体动画"元件，将其他元件拖入舞台，并调整排列顺序。

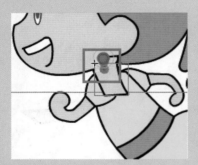

07 ▶ 选择"骨骼工具"，单击并拖动鼠标创建第一个骨骼。

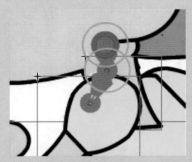

08 ▶ 单击第一个骨骼的尾部，拖动到其他实例，创建第二个骨骼。

09 ▶ 使用相同的方法，完成人物其他骨骼的创建并调整堆叠顺序。

10 ▶ 在姿势图层的第 3 帧位置，按 F6 键插入姿势，使用"选择工具"调整骨骼动画。

11 ▶ 使用相同的方法，插入姿势，并进行调整。

12 ▶ 选择骨骼，在"属性"面板中设置"弹簧"属性。

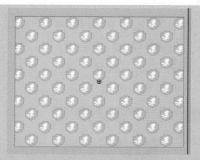

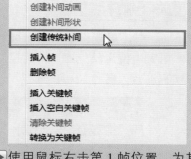

13 ▶ 返回"场景 1"，在第 50 帧位置按 F6 键插入关键帧，调整图像的位置。

14 ▶ 使用鼠标右击第 1 帧位置，为其创建传统补间动画，新建"图层 2"。

15 ▶ 将"整体动画"元件从"库"面板拖入舞台中。

16 ▶ 执行"文件 > 另存为"命令，在弹出的"另存为"对话框中进行设置。

17 ▶ 单击"保存"按钮，完成小女孩奔跑的弹跳效果，按快捷键 Ctrl+Enter，测试动画效果。

❓ 提问　提问："弹簧"属性如何设置？

　　答："弹簧"的属性包括"强度"和"阻尼"，"强度"用来设置弹簧强度，该值越高，创建弹簧效果越强；"阻尼"用来设置弹簧效果的衰减速率，该值越高，动画结束得越快。

11.5 关于帧标签

在 Flash 中，用户可以对关键帧设置标签，从而方便识记该关键帧的作用，同时还可以在脚本语言中使用帧标签，从而控制动画。单击关键帧，打开"属性"面板，即可在"标签"选项下设置"名称"和"类型"，关键帧上即可显示标签图标。

 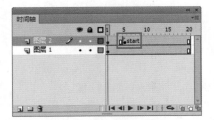

实例 64+ 视频：制作大熊猫嘴型同步动画

本实例制作的是大熊猫的嘴型与声音同步的动画，在制作的过程中，主要使用了帧标签来标示声音，从而制作出更加真实的嘴型与声音同步的动画。

源文件：源文件 \ 第 11 章 \11-5.fla

操作视频：视频 \ 第 11 章 \11-5.swf

01 ▶ 执行"文件 > 新建"命令，在弹出的"新建文档"对话框中进行设置。

02 ▶ 按快捷键 Ctrl+R，导入"素材 \ 第 11 章 \11501.mp3"。

03 ▶ 将 11501.mp3 从"库"面板拖入舞台中，在第 92 帧位置按 F5 键插入帧，多次试听声音。

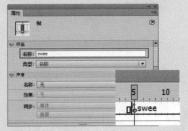

04 ▶ 新建"图层 2"，在第 5 帧位置按 F7 键插入空白关键帧，在"属性"面板中设置"标签名称"。

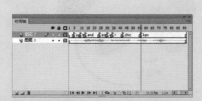

05 ▶ 使用相同的方法，创建空白关键帧并设置"标签名称"。

06 ▶ 新建"图层 3"，使用相同的方法，导入"素材 \ 第 11 章 \11502.png"。

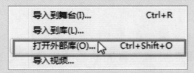

07 ▶ 新建"图层 4"，执行"文件 > 导入 > 打开外部库"命令。

08 ▶ 在弹出的"作为库打开"对话框中选择"素材 \ 第 11 章 \11503.fla"。

09 ▶ 将 mouth 图形元件从"外部库"拖入舞台中。

10 ▶ 选择"图层 4"的第 1 帧位置，在"属性"面板中设置"循环"选项。

11 ▶ 在第 5 帧位置按 F6 键插入关键帧，在"属性"面板中设置"循环"。

12 ▶ 使用相同的方法，创建其他关键帧并设置"循环"。

13 ▶ 执行"文件 > 另存为"命令，在弹出的"另存为"对话框中进行设置，完成大熊猫嘴型与声音同步动画，按快捷键 Ctrl+Enter，测试动画效果。

提问：Flash 中的帧标签有哪几种类型？

答：在 Flash 中，帧标签一共有 3 种类型，分别是"名称"标签、"注释"标签和"锚记"标签。

11.6 本章小结

本章主要讲解了 Flash 中角色动画的制作方法，重点讲解了骨骼动画的应用，通过"骨骼工具"轻松制作出人物行走、奔跑等动画效果。通过本章的学习，可以熟练掌握"骨骼工具"和"绑定工具"在动画中的运用。

第 12 章 Flash 文档的交互性

在 Flash 中，可以通过 ActionScript 实现丰富多彩的动画效果，还可以制作出具有交互效果的动画。本章将针对 Flash 的交互性进行详细讲解。

12.1 了解 ActionScript

ActionScript 是 Adobe FlashPlayer 和 Adobe AIR 运行时环境的编程语言，通过它可以在 Flash、Flex 和 AIR 等应用程序中实现交互性、播放控制和数据显示等多种功能。

12.1.1 ActionScript 1.0 和 ActionScript 2.0

ActionScript 1.0 是最简单的 ActionScript，功能比较简单，但是仍然可以在 Flash Lite Player 的一些版本中使用。

ActionScript 2.0 是 ActionScript 1.0 的升级版本，首次引入了面向对象的概念，但是它并非完全面向对象，只是在编译的过程中支持 OOP 语法，它面向对象虽然不全面，但却是首次将 OOP 引入 Flash 中。

 提示　　ActionScript 1.0 和 ActionScript 2.0 可以共存于一个 Flash 文档中。

12.1.2 ActionScript 3.0

ActionScript 3.0 是一个基本 OOP 标准化的面向对象的语言，它不是 ActionScript 2.0 的简单升级，而是两种完全不同的思想语言。ActionScript 3.0 全面采用了面向对象的思想。

ActionScript 3.0 的执行速度极快，与其他版本相比，此版本要求开发人员对面向对象的编程概念有更加深入的理解，而且 ActionScript 3.0 的 FLA 文件中不能包含 ActionScript 的早期版本。

 提示　　OOP 是指把面向对象的思想应用于软件开发过程中，指导开发活动的系统方法。而面向对象程序设计技术，简称为 OOP。

本章知识点

☑ 认识"动作"面板

☑ 掌握脚本助手

☑ 掌握代码提示

☑ 掌握"代码片段"面板

☑ 了解 ActionScript

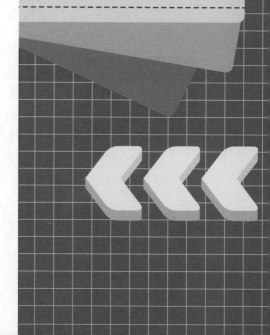

12.2 ActionScript 的工作环境

Flash 中有一个功能强大的 ActionScript 代码编辑器，即"动作"面板，初学者和熟练的程序员都可以使用"动作"面板快速而有效地编写出功能强大的程序。

12.2.1 认识"动作"面板

执行"文件 > 新建"命令，新建一个 ActionScript 3.0 文档，执行"窗口 > 动作"命令，或者按 F9 键即可打开"动作"面板。

工具栏

动作工具箱

脚本编辑窗口

脚本导航器

12.2.2 使用脚本助手

在"动作"面板中可以借助"脚本助手"编写代码，在使用的过程中，"脚本助手"会提供一个输入参数的窗口，用户不需知道详细的语法规则，只需知道项目用到的函数即可。

在"动作"面板中单击"脚本助手"按钮，即可切换到"脚本助手"模式，在此模式下，工具栏会发生一些变化。

删除 上下移动所选动作

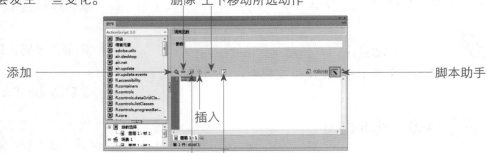

添加

脚本助手

插入

查找 显示 / 隐藏工具箱

12.2.3 使用代码提示

为了方便用户在"动作"面板中编辑，Flash 提供了"代码提示"功能。当用户在 ActionScript 编辑区域输入一个关键字时，程序编辑器会自动识别关键字上下文环境，并自动弹出适用的属性和方法以供选择。

除此之外，弹出的参数提示列表还会有相应的简单介绍，大大方便了初学者，有利于初学者快速掌握 ActionScript 的程序语法。

> **提示** 自动代码提示功能是针对"动作"面板中的标准模式而言的，对于脚本助手模式是无效的。

12.3　使用 "代码片断" 面板

　　"代码片断" 面板是 Flash 提供的一种非常方便的工具，可以帮助用户在不精通编程的前提下，使用 ActionScript 制作动画。

➡ 实例 65+ 视频：制作拖曳效果

　　本实例制作的是拖曳效果，通过单击并拖动鼠标即可实现小鱼的游行，在制作的过程中，主要通过 "代码片段" 面板快速实现代码编写，完成动画的制作。

🏠 源文件：源文件 \ 第 12 章 \12-3. fla

🔊 操作视频：视频 \ 第 12 章 \12-3. swf

01 ▶执行 "文件 > 新建" 命令，在弹出的 "新建文档" 对话框中进行设置。

02 ▶按快捷键 Ctrl+R，导入 "素材 \ 第 12 章 \12301.png"。

03 ▶执行 "插入 > 新建元件" 命令，在弹出的 "创建新元件" 对话框中进行设置。

04 ▶使用相同的方法，导入 "素材 \ 第 12 章 \12302.png"。

05 ▶返回"场景1",新建"图层2",将"小鱼"元件拖入舞台中。

06 ▶在"属性"面板中设置"实例名称"为 fish。

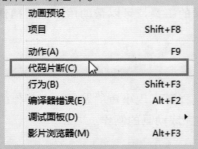

07 ▶执行"窗口>代码片断"命令,打开"代码片断"面板。

08 ▶在打开的"代码片断"面板中双击"动作"选项下的"拖放"。

09 ▶弹出"动作"面板,可以看到添加的详细脚本语言。

10 ▶在"时间轴"面板中自动添加了一个名称为 Actions 的图层。

11 ▶执行"文件>另存为"命令,保存文件,完成动画的制作,按快捷键 Ctrl+Enter,测试动画效果。

使用"代码片段"面板可以非常方便地添加脚本语言。为了方便用户使用,在添加脚本语言的同时,Flash 会对每一条代码提供详细的注释,用户可以根据注释修改代码内容,从而实现不同的动画效果。

提问：ActionScript 3.0 与 ActionScript 2.0 的区别是什么？

答：ActionScript 3.0 代码只能添加在 "时间轴" 上，而 ActionScript 2.0 既可以添加在元件上，也可以添加在 "时间轴" 上。

12.4　使用 ActionScript 3.0 控制动作

在 Flash 中，使用 ActionScript 3.0 可以轻松实现对对象的一系列控制。在 "代码" 片断列表中一共有 13 个代码片断，使用这些代码可以完成类似拖动对象、播放对象和显示隐藏对象的操作。

➡ 实例 66+ 视频：为元件添加超链接

本实例制作的是当鼠标单击元件时，即可自动打开超链接页面的效果，通过本实例的学习，可以更加深入地了解 Flash 的交互性。

🏠 源文件：源文件 \ 第 12 章 \12-4. fla

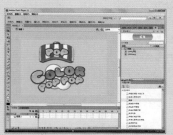

📶 操作视频：视频 \ 第 12 章 \12-4. swf

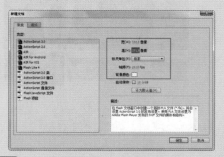

`01 ▶` 执行 "文件 > 新建" 命令，在弹出的 "新建文档" 对话框中进行设置。

`02 ▶` 按快捷键 Ctrl+R，导入 "素材 \ 第 12 章 \12401.png"。

`03 ▶` 执行 "插入 > 新建元件" 命令，在弹出的 "创建新元件" 对话框中进行设置。

`04 ▶` 使用相同的方法，导入 "素材 \ 第 12 章 \12402.png"。

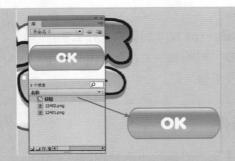

05 ▶返回"场景1",新建"图层2",将"按钮"元件拖入舞台中。

06 ▶在"属性"面板中设置"实例名称"为 button1。

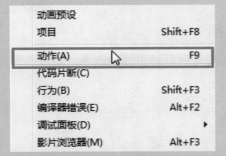

07 ▶新建"图层3",执行"窗口>动作"命令,打开"动作"面板。

08 ▶在打开的"动作"面板中输入相关的脚本语言。

09 ▶执行"文件>另存为"命令,保存文件,完成动画的制作,按快捷键 Ctrl+Enter,测试动画效果,单击"按钮"元件,即可转入指定的 Web 页。

提问:为什么要为元件添加"实例名称"?

答:因为在制作动画的过程中,必须保证参与动画的对象具有"实例名称",以便程序调用。

12.5 使用 ActionScript 3.0 加载和卸载对象

在 Flash 中,通过"代码片断"面板中的加载和卸载对象功能,可以轻松实现将外部图像、实例、SWF 文件或文本内容等加载到正在播放的 Flash 动画中,还可以使用卸载命令将其卸载。

实例 67+ 视频：加载库中的图像

本实例制作的是使用"代码片断"面板快速加载库中的图像。通过本实例的学习，读者可以更加深入地了解"代码片断"面板的应用。

🏠 源文件：源文件 \ 第 12 章 \12-5.fla

📡 操作视频：视频 \ 第 12 章 \12-5.swf

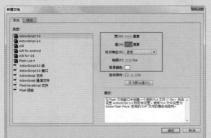

01 ▶执行"文件 > 新建"命令，在弹出的"新建文档"对话框中进行设置。

02 ▶按快捷键 Ctrl+R，导入"素材 \ 第 12 章 \12501.png"。

03 ▶新建"图层 2"，使用相同的方法，导入"素材 \ 第 12 章 \12502.png"。

04 ▶按 F8 键将其转换为"名称"为 kaishi 的"影片剪辑"元件。

05 ▶执行"文件 > 导入 > 导入到库"命令，导入"素材 \ 第 12 章 \12503.png"。

06 ▶单击鼠标右键，在弹出的快捷菜单中选择"属性"命令。

提示

如果需要加载"库"面板中的图像，必须保证图像位于"库"面板中，否则将无法加载。

07 ▶ 在弹出的"位图属性"对话框中进行设置，单击"确定"按钮。

09 ▶ 在弹出的"设置实例名称"对话框中进行设置。

11 ▶ 在"时间轴"面板中自动添加了一个名称为 Actions 的图层。

08 ▶ 选择 kaishi 元件，在"代码片断"面板中双击"单击以加载库中的图像"。

10 ▶ 弹出"动作"面板，可以看到添加的详细脚本语言。

12 ▶ 执行"文件 > 另存为"命令，在弹出的"另存为"对话框中进行设置。

13 ▶ 单击"保存"按钮，保存文件，完成动画的制作。按快捷键 Ctrl+Enter，测试动画效果。

提问：为何要设置"位图属性"？

答：在加载"库"面板中的图像时，首先需要启用"位图属性"面板中的"为 Actionscript 导出"选项，然后设置"类"才可以进行加载。

在 Flash 中，可以通过"代码片断"面板中的"单击以加载 / 卸载 SWF 或图像"调用外部 SWF 文件，从而实现不同的效果。

➡ 实例 68+ 视频：制作游戏广告

本实例制作的是一个通过单击按钮元件来调用外部 SWF 文件的动画。在制作的过程中，可以加深理解"代码片断"面板，通过本实例的学习，进一步掌握其在 Flash 动画中的应用。

⌂ 源文件：源文件 \ 第 12 章 \12-5-1. fla

◎ 操作视频：视频 \ 第 12 章 \12-5-1. swf

`01 ▶` 执行"文件 > 新建"命令，在弹出的"新建文档"对话框中进行设置。

`02 ▶` 按快捷键 Ctrl+R，导入"素材 \ 第 12 章 \125101.png"。

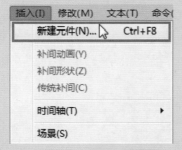

`03 ▶` 执行"插入 > 新建元件"命令，弹出"创建新元件"对话框。

`04 ▶` 在弹出的"创建新元件"对话框中设置"名称"为 button。

05 ▶选择"矩形工具"，在"属性"面板中进行设置。

06 ▶在舞台中，单击并拖动鼠标绘制一个矩形。

07 ▶选择"文本工具"，在"属性"面板中进行设置，输入文字。

08 ▶在"图层1"的按下位置按F6键插入关键帧。

09 ▶选择图形，修改其"填充颜色"为#999999。

10 ▶返回"场景1"，新建"图层2"，将button元件从"库"面板拖入舞台中。

11 ▶选择元件，在"属性"面板中设置其"实例名称"为bt。

12 ▶在"代码片断"面板中双击"单击以加载/卸载SWF或图像"。

13 ▶ 弹出"动作"面板，可以看到添加的详细脚本语言。

14 ▶ 将 http://www.helpexamples.com/flash/images/image1.jpg 更改为 game_1.swf 脚本语言。

15 ▶ 使用相同的方法，创建 button2"按钮"元件。

16 ▶ 使用相同的方法，完成 button2 元件的制作。

17 ▶ 返回"场景 1"，将 button2 导入舞台并设置其"实例名称"。

18 ▶ 在"代码片断"面板中双击"单击以加载 / 卸载 SWF 或图像"并修改脚本语言。

19 ▶ 执行"文件 > 另存为"命令，保存文件，完成动画的制作，按快捷键 Ctrl+Enter，测试动画效果。

提问：设置要加载文件的存储位置时要注意什么？

答：在使用"代码片断"面板加载或卸载文件的时候，需要注意的是要调入的文件必须和 FLA 文件放置于一个存储路径中。

12.6 使用 ActionScript 3.0 控制音频和视频

在 Flash 中，通过"代码片断"面板中的音频和视频功能控制导入的音频和视频的播放，可以轻松完成播放、停止和后退等操作。

▶ 实例 69+ 视频：制作视频动画

本实例制作的是一个使用 ActionScript 控制 Flash 中导入的视频。本实例中使用"代码片段"面板快速为影片剪辑元件添加脚本，实现视频的播放和暂停操作。

🏠 源文件：源文件\第 12 章\12-6. fla

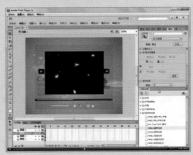

📡 操作视频：视频\第 12 章\12-6. swf

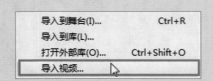

01 ▶ 执行"文件 > 打开"命令，弹出"打开"对话框。

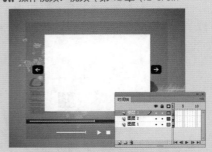

02 ▶ 在弹出的"打开"对话框中选择"素材\第 12 章\12601.fla"。

03 ▶ 新建"图层 4"，执行"文件 > 导入 > 导入视频"命令。

04 ▶ 单击"浏览"按钮，选择"素材\第 12 章\12602.flv"。

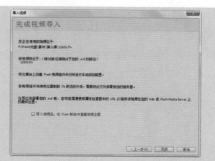

05 ▶ 单击"下一步"按钮，设定"外观"为"无"。

06 ▶ 单击"下一步"按钮，在"导入视频"对话框中单击"完成"按钮。

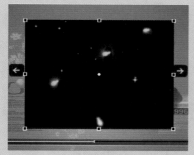

07 ▶ 使用"任意变形工具"调整视频的位置和大小。

08 ▶ 选择该视频，在"属性"面板中设置"实例名称"为 movie。

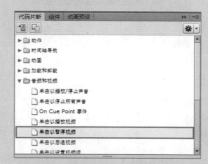

09 ▶ 选择"暂停"元件，在"属性"面板中设置"实例名称"为 pl。

10 ▶ 在"代码片断"面板中双击"单击以暂停视频"。

11 ▶ 弹出"动作"面板，可以看到添加的详细脚本语言。

12 ▶ 将 video_instance_name 替换为视频的实例名称 movie。

一般情况下，为了方便脚本的编辑和修改，用户应该新建一个单独的图层，将脚本语言写在该图层中。

`13 ▶` 使用相同的方法，完成"播放"元件脚本语言的添加。

`14 ▶` 执行"文件 > 另存为"命令，在弹出的"另存为"对话框中进行设置。

`15 ▶` 单击"保存"按钮，保存文件，完成动画的制作。按快捷键 Ctrl+Enter，测试动画效果。

提问：可导入 Flash 中的视频格式都有哪些？

答：如果要将视频导入到 Flash 中，视频格式必须是 FLV 或 F4V，如果不是 FLV 或 F4V，可以使用 Adobe Flash Video Encoder 将其转换为需要的格式。

12.7 使用 ActionScript 3.0 处理事件

Flash 动画的一个最大的优点就是可交互性。要想实现交互性，就需要不同的控制事件，例如鼠标经过、鼠标单击和鼠标离开等。"代码片断"面板中提供了 5 个事件处理函数，分别是 Mouse Click 事件、Mouse Over 事件、鼠标离开事件、Key Pressed 事件和进入帧事件。

用户可以登录网址 http://help.adobe.com/zh_CN/FlashPlatform/reference/actionscript/3/index.html 查找 ActionScript3.0 的相关帮助信息。

➡ 实例 70+ 视频：制作幻灯片

本实例制作的是一个通过 ActionScript 控制幻灯片播放的动画，在制作的过程中，主要使用了"代码片断"面板中的"事件处理函数"选项。

🏠 源文件：源文件 \ 第 12 章 \12-7. fla

📶 操作视频：视频 \ 第 12 章 \12-7. swf

`01` ▶执行"文件 > 打开"命令，弹出"打开"对话框。

`02` ▶在弹出的"打开"对话框中选择"素材 \ 第 12 章 \12701.fla"。

`03` ▶新建"图层 2"，将"幻灯片"元件从"库"面板拖入舞台中，并进行调整。

`04` ▶双击进入编辑状态，选择"图层 1"的第 1 帧位置。

`05` ▶在"代码片断"面板中双击"在此帧处停止"。

`06` ▶弹出"动作"面板，可以看到添加的详细脚本语言。

07 ▶ 双击 "Key Preseed 事件"，添加相关的脚本语言。

09 ▶ 输入 nextFrame(); 脚本语言，实现按下键盘时，动画自动跳转到下一帧。

08 ▶ 将 trace(" 已按键控代码：" + event. keyCode); 脚本语言删除。

10 ▶ 执行 "文件 > 另存为" 命令，在弹出的 "另存为" 对话框中进行设置。

11 ▶ 单击 "保存" 按钮，保存文件，完成动画的制作。按快捷键 Ctrl+Enter，测试动画效果。

提问：设置 "在此帧处停止" 有什么作用？

答：因为 "幻灯片" 为影片剪辑元件，如果不设置 "在此帧处停止"，在测试的时候就会循环播放。

12.8 本章小结

本章主要介绍了 ActionScript 脚本语言，并详细讲解如何使用 "动作" 面板和 "代码片断" 面板为 Flash 动画添加交互控制的方法。通过本章的学习，读者可以在没有任何编程基础的条件下，制作具有交互效果的动画。

第 13 章 网页按钮动画制作

随着网络和 Flash 的不断发展，网络传播信息显得尤为重要，而 Flash 也成为网络传播的重要组成部分，本章将对如何使用 Flash 制作按钮动画进行详细讲解。

13.1 网页按钮设计原则

较好的网页按钮设计，往往可以突显网站的风格和特点，是网站的重要组成部分。在设计按钮时，需要注意与网页的整体风格相互协调。

● **创意原则**

网页按钮动画需要有独特的创意，并且需要与网页整体风格相互统一，起到页面画龙点睛的作用。

● **色彩原则**

通常情况下，按钮的颜色应该根据网页页面的色调而定。

● **动画原则**

在网页的制作过程中，Flash 按钮动画不宜过于复杂，使用简单的动画效果突出按钮，与页面风格相互统一，具有一定的视觉特效即可。

● **技法原则**

制作 Flash 按钮动画的方法有很多种，可以根据具体情况进行选择。

● **脚本原则**

在制作 Flash 按钮动画时，通常会使用一些简单的 ActionScript 脚本语言，产生一些简单的交互效果。

本章知识点

- ☑ 了解网页按钮设计原则
- ☑ 掌握网页按钮动画分类
- ☑ 掌握单独类按钮的制作
- ☑ 掌握"混合模式"的应用
- ☑ 掌握综合类网站制作方法

提示　在制作动画之前，脑海中要形成清晰的框架，清楚哪里需要添加脚本语言，哪一步需要做什么准备，以避免合成动画时出错。

13.2 Flash 网页按钮分类

Flash 网页按钮动画最重要的是创意，其有多种制作方法，一般可以分为 3 类，分别是"单独类"按钮、"群组类按钮"和"综合类按钮"。

13.2.1　单独类按钮

通常情况下，单独类按钮动画在网页中单独出现，按钮的风格需要和网页页面的风格相互统一。

实例 71+ 视频：制作游戏网站按钮

本实例制作的是一个游戏网站按钮，在制作的过程中，需要体现游戏的特点，通过本实例的学习，可以掌握制作游戏类按钮的方法和技巧。

🏠 源文件：源文件 \ 第 13 章 \13-2-1.fla

📡 操作视频：视频 \ 第 13 章 \13-2-1.swf

01 ▶ 执行"文件 > 新建"命令，在弹出的"新建文档"对话框中进行设置。

02 ▶ 执行"插入 > 新建元件"命令，在弹出的"创建新元件"对话框中进行设置。

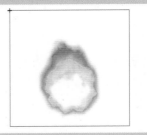

03 ▶ 按快捷键 Ctrl+R，导入"素材 \ 第 13 章 \132101.png"。

04 ▶ 在第 2 帧位置按 F6 键插入关键帧，导入"素材 \ 第 13 章 \132102.png"。

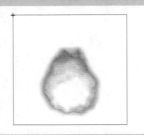

05 ▶ 使用相同的方法，完成其他关键帧的制作，并在第 9 帧位置按 F7 键插入空白关键帧。

06 ▶ 在第 10 帧位置按 F6 键插入关键帧，导入"素材 \ 第 13 章 \132110.png"，使用相同的方法，完成火焰其他部分的制作。

07 ▶ 新建一个"名称"为"按钮"的"按钮"元件。

09 ▶ 在"指针"位置按 F7 键插入空白关键帧，导入"素材\第 13 章\132122.png、132123.png"。

11 ▶ 执行"修改 > 排列 > 移至底层"命令，将其放置在底层。

13 ▶ 返回"场景 1"，导入"素材\第 13 章\132124.png"。

08 ▶ 使用相同的方法，导入"素材\第 13 章\132121.png、132122.png"。

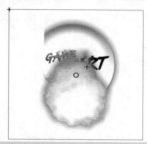

10 ▶ 在"按下"位置按 F6 键插入关键帧，将"火焰"影片剪辑元件从"库"面板拖入到舞台中。

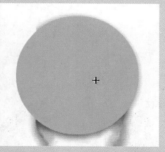

12 ▶ 在"点击"位置按 F6 键插入关键帧，使用"椭圆工具"绘制一个任意颜色的正圆，并按快捷键 F8 转换为名称为"反应区"的元件。

14 ▶ 新建"图层 2"，将"按钮"元件拖入舞台中，并调整其大小。

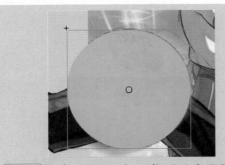

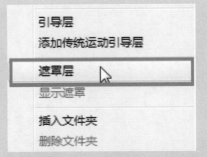

15 ▶ 新建"图层3",将"反应区"元件拖入舞台。

16 ▶ 使用鼠标右击"图层3",在弹出的快捷菜单中选择"遮罩层"命令。

17 ▶ 创建遮罩动画,"时间轴"面板中的"图层2"和"图层3"被锁定。

18 ▶ 执行"文件 > 另存为"命令,在弹出的"另存为"对话框中进行设置。

19 ▶ 单击"保存"按钮,保存文件,完成动画的制作。按快捷键 Ctrl+Enter,测试动画效果。

提问:在制作按钮的过程中需要注意什么?

答:在制作按钮的过程中,需要注意"弹起"状态、"指针"状态、"按下"状态和"点击"状态中图像的放置位置要统一。

13.2.2　群组类按钮

群组类按钮动画是由几个按钮共同组成的,这些按钮之间的风格相近,并且整体风格需要与网页页面风格相互统一。

实例 72+ 视频：制作教育网站广告动画

　　本实例制作的是一个教育网站宣传广告动画，在制作的过程中使用了 3 个风格相似的按钮体现网页的统一性，通过本实例的学习，掌握群组类按钮动画的制作方法和技巧。

🏠 源文件：源文件 \ 第 13 章 \13-2-2.fla

🔊 操作视频：视频 \ 第 13 章 \13-2-2.swf

01 ▶ 执行"文件 > 新建"命令，在弹出的"新建文档"对话框中进行设置。

02 ▶ 执行"插入 > 新建元件"命令，在弹出的"创建新元件"对话框中进行设置。

03 ▶ 按快捷键 Ctrl+R，导入"素材 \ 第13 章 \132201.png"。

04 ▶ 使用相同的方法，完成其他素材的导入。

05 ▶ 使用相同的方法，创建一个"名称"为"活动动画"的"影片剪辑"元件。

06 ▶ 导入"素材 \ 第 13 章 \132205.png"，按 F8 键将其转换为"铅笔 2"影片剪辑元件。

07 ▶ 在第 8 帧位置按 F6 键插入关键帧，设置第 1 帧位置元件的大小，并添加"模糊"滤镜。

08 ▶ 在第 1 帧位置创建传统补间动画，并在第 31 帧位置按 F5 键插入帧，新建"图层 2"。

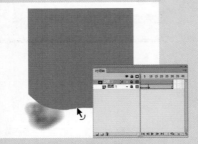

09 ▶ 使用"矩形工具"绘制矩形，并使用"选择工具"进行调整，使用鼠标右击"图层 2"，创建遮罩动画。

10 ▶ 新建"图层 3"，在第 31 帧位置按 F6 键插入关键帧，在"动作"面板中输入 stop(); 脚本语言。

11 ▶ 创建一个"名称"为"活动按钮"的"按钮"元件，将"活动展台"元件拖入舞台。

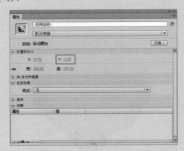

12 ▶ 在"指针"位置按 F6 键插入关键帧，在"属性"面板中调整其位置。

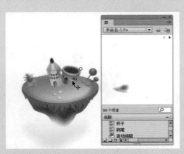

13 ▶ 使用相同的方法，完成"按下"位置的制作，将"活动动画"拖入舞台，并将其排列在底层。

14 ▶ 使用相同的方法，完成其他"按钮"元件的制作。

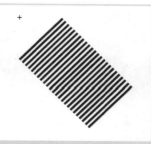

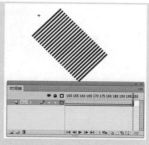

15 ▶新建一个"活动条"影片剪辑元件，使用"矩形工具"绘制多个矩形，并使用"任意变形工具"调整其旋转角度。

16 ▶按 F8 键将其转换为"活动矩形"图形元件，在第 200 帧位置按 F6 键插入关键帧，调整其位置，并创建传统补间动画。

17 ▶新建一个"活动文字动画"影片剪辑元件，导入"素材 \ 第 13 章 \132214.png"，按 F8 键将其转换为"活动提示框"图形元件。

18 ▶在第 8 帧位置按 F6 键插入关键帧，在"属性"面板中设置第 1 帧位置元件的"色彩效果"，并创建传统补间动画。

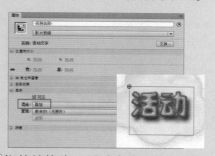

19 ▶使用相同的方法，完成"图层 2"的制作，新建"图层 3"，导入"素材 \ 第 13 章 \132215.png。

20 ▶将其转换为"活动文字"影片剪辑元件，新建"图层 4"，在第 8 帧位置插入关键帧，设置其"混合"模式为"叠加"。

21 ▶使用相同的方法，完成"图层 5"的制作，并调整其"色彩效果"。

22 ▶新建"图层 6"，在第 8 帧位置插入关键帧，将"活动条"元件拖入舞台。

23 ▶ 使用鼠标右击"图层6"，创建遮罩动画，并新建"图层7"，在第8帧插入关键帧，在"动作"面板中输入stop();脚本语言。

25 ▶ 返回"场景1"，导入"素材\第13章\132218.png"，在第50帧位置插入帧。

27 ▶ 使用相同的方法，完成其他"按钮"元件的拖入。

29 ▶ 在第40帧位置插入关键帧，在"属性"面板中为第30帧位置元件添加"模糊"滤镜，并调整大小。

24 ▶ 使用相同的方法，完成其他文字动画的制作。

26 ▶ 新建"图层2"，将"活动按钮"从"库"面板拖入舞台中。

28 ▶ 新建"图层5"，在第30帧位置插入关键帧，拖入"活动文字动画"元件。

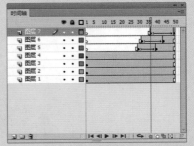

30 ▶ 在第30帧位置创建传统补间动画，使用相同的方法，完成其他相似图层的制作。

 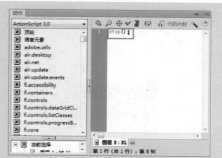

31 ▶ 新建"图层 8"，导入"素材\第 13 章\132219.png"。　**32 ▶** 新建"图层 9"，在第 50 帧插入关键帧，在"动作"面板中输入 stop(); 脚本语言。

33 ▶ 执行"文件 > 另存为"命令，保存文件，完成动画的制作。按快捷键 Ctrl+Enter，测试动画效果。

？提问　提问：哪些元件可以应用"混合模式"？

答：在 Flash 中，只能对影片剪辑元件应用"混合模式"，使用"混合模式"可以使元件实例的颜色和元件实例下方的颜色发生混合，呈现出独特的视觉效果。

13.2.3　综合类按钮

综合类按钮动画，在通常情况下，它并不是独立存在的，而是和一些广告动画或场景动画制作在一起。

➡ 实例 73+ 视频：制作儿童食品广告动画

本实例制作的是一个儿童食品的展示动画，在制作的过程中，综合使用了 Flash 的各种功能，通过本实例的学习，掌握综合类动画的制作方法和技巧。

 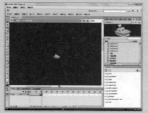

🏠 源文件：源文件\第 13 章\13-2-3. fla　　🔊 操作视频：视频\第 13 章\13-2-3. swf

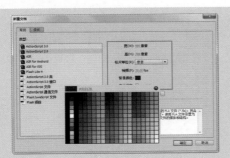

01 ▶执行"文件 > 新建"命令，在弹出的"新建文档"对话框中进行设置。

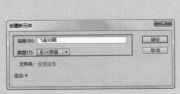

02 ▶执行"插入 > 新建元件"命令，在弹出的"创建新元件"对话框中进行设置。

03 ▶按快捷键 Ctrl+R，导入"素材 \ 第 13 章 \132301.png"。

04 ▶按 F8 键将其转换为"名称"为"飞船"的"图形"元件。

05 ▶在第 5 帧和第 10 帧位置按 F6 键插入关键帧，在"属性"面板中设置第 5 帧位置元件的位置。

06 ▶分别在第 1 帧和第 5 帧位置创建传统补间动画。

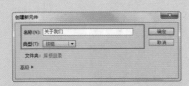

07 ▶新建一个"名称"为"关于我们"的"按钮"元件。

08 ▶使用相同的方法，导入"素材 \ 第 13 章 \132302.png"。

09 ▶ 分别在"指针"、"按下"和"点击"位置按 F6 键插入关键帧。

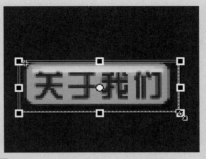

10 ▶ 使用"任意变形工具"调整"指针"位置元件的大小。

11 ▶ 使用相同的方法，完成"联系我们"按钮元件的制作。

12 ▶ 新建一个"名称"为"小船动画"的"影片剪辑"元件。

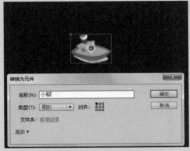

13 ▶ 导入"素材 \ 第 13 章 \132304.png"，按 F8 键将其转换为"小船"图形元件。

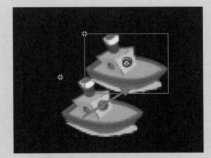

14 ▶ 在第 25 帧位置按 F6 键插入关键帧，调整该帧元件的位置。

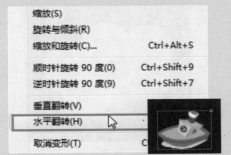

15 ▶ 在第 26 帧位置插入关键帧，执行"修改 > 变形 > 水平翻转"命令。

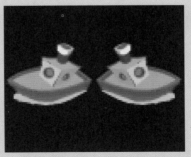

16 ▶ 使用相同的方法，完成第 50 帧位置和第 51 帧位置元件的调整。

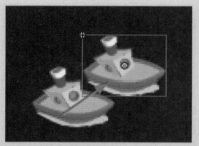

17 ▶ 在第 70 帧位置插入关键帧，调整该帧元件的位置。

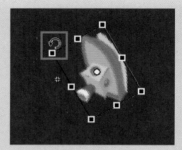

18 ▶ 在第 75 帧位置插入关键帧，使用"任意变形工具"调整其旋转角度。使用相同的方法，完成其他关键帧的制作。

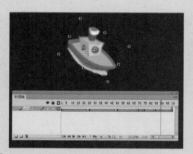

19 ▶ 分别在第 1 帧、第 25 帧、第 26 帧、第 50 帧、第 51 帧、第 70 帧、第 75 帧、第 85 帧和第 90 帧创建传统补间动画。

20 ▶ 新建一个"名称"为"棒棒糖动画"的"影片剪辑"元件，并导入"素材\第 13 章\132305.png"。

21 ▶ 在第 5 帧位置按 F7 键插入空白关键帧，导入"素材\第 13 章\132306.png"。

22 ▶ 使用相同的方法，完成第 10 帧位置动画的制作，并在第 15 帧位置按 F5 键插入帧。

23 ▶ 新建一个"棒棒糖文字动画"影片剪辑元件，选择"线条工具"，在"属性"面板中进行设置。

24 ▶ 绘制直线，使用"选择工具"对绘制的直线进行调整，使用"颜料桶工具"填充 #FFFFFF。

25 ▶ 新建"图层 2"，选择"文字工具"，在"属性"面板中进行设置。

26 ▶ 在舞台中输入文本，新建"图层 3"，在"动作"面板中输入 stop(); 脚本语言。

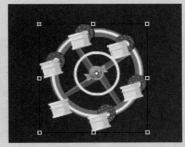

27 ▶ 新建一个"风车动画"影片剪辑元件，导入"素材 \ 第 13 章 \132308.png"，按 F8 键将其转换为"风车"图形元件。

28 ▶ 使用"任意变形工具"调整"风车"元件的中心点位置，并在第 80 帧位置插入关键帧。

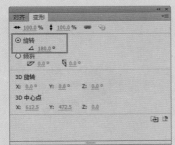

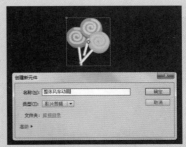

29 ▶ 在"变形"面板中设置其"旋转"为 180°，并在第 1 帧位置创建传统补间动画。

30 ▶ 新建"整体风车动画"影片剪辑元件，在第 2 帧位置按 F6 键插入关键帧，将"棒棒糖动画"元件从"库"面板拖入舞台。

31 ▶ 新建"图层 2"，导入"素材 \ 第 13 章 \132309.png"，在第 2 帧位置按 F7 键插入空白关键帧。

32 ▶ 使用相同的方法，完成其他相似图层的制作。

33 ▶ 新建"图层8",在第2帧插入关键帧,在"属性"面板中设置"标签"名称为 lb_ani。

34 ▶ 新建"图层9",在"动作"面板中输入 stop(); 脚本语言,在第2帧位置插入关键帧,添加 stop(); 脚本语言。

35 ▶ 使用制作"整体风车动画"元件的方法,完成其他相似动画元件的制作。

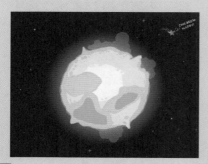

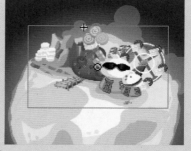

36 ▶ 返回"场景1",导入"素材\第13章\132318.png"。

37 ▶ 新建"图层2",将"整体风车动画"元件拖入舞台。

38 ▶ 选择元件,在"属性"面板中设置其"实例名称"为 oztown。

39 ▶ 选择元件,在打开的"动作"面板中输入相应的脚本语言。

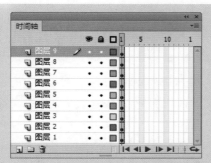

40 ▶ 使用相同的方法，完成其他相似图层的制作。

41 ▶ 执行"文件 > 另存为"命令，在弹出的"另存为"对话框中进行设置。

42 ▶ 单击"保存"按钮，保存文件，完成动画的制作。按快捷键 Ctrl+Enter，测试动画效果。

提问：导入位图时需要注意什么？

答：在制作本实例的过程中，需要注意导入位图的格式，必须是支持透底图像效果的 GIF 格式或 PNG 格式文件。

13.3　本章小结

　　本章主要讲解了 Flash 网页按钮动画的设计原则和分类，并通过不同的实例进行了详细介绍。通过本章的学习，读者可以掌握 Flash 按钮动画的制作方法，以及在网页设计中的应用。

第 14 章　网页导航制作

　　本章主要为用户讲解 Flash 网站导航动画的制作方法，由于各个网站设计并没有统一的标准，不仅菜单设置各不相同，打开网页的方式也有区别。Flash 导航菜单动画在提供网站导航菜单功能的基础上，加入交互式的动画效果，使导航菜单更加富有个性和视觉效果。

14.1　导航动画介绍

　　网站导航菜单表现为网站的栏目菜单设置、辅助菜单、其他在线帮助等形式。

14.1.1　Flash 导航动画设计原则

　　无论是在网页制作中，还在 Flash 整站中，导航菜单都起着举足轻重的作用。

● 创意原则

　　网站 Flash 导航动画应该标新立异、和谐统一、震撼心灵，打破原始的矩形或者圆角矩形等轮廓形状。

● 色彩原则

　　网站导航制作中的色彩要与网站页面统一，色调感觉与网站色调一致，但最好不要使用同色系颜色，可采用互补色，这样才可以更加突出主题，达到醒目的作用。

● 动画原则

　　在网站 Flash 导航动画制作中，不需要采用过于复杂的动画类型，关键是使用反应区实现判定鼠标经过时反应区所控制的影片剪辑的效果，达到导航的作用。

● 脚本原则

　　在网站 Flash 导航动画制作中，使用的脚本语言较为复杂，主要运用控制鼠标经过的语言。

实例 74+ 视频：制作游戏网站导航

　　本实例制作的是一个游戏网站导航，既然是游戏网站导航，就必须能够体现出游戏的独特性和特点，与网站页面统一效果，尽量打破常规的表现形式。

本章知识点

- ☑ 掌握导航动画设计原则
- ☑ 熟练掌握导航动画分类
- ☑ 掌握导航动画制作要点
- ☑ 掌握制作游戏网站导航
- ☑ 了解导航制作

🏠 源文件：第 14 章 \14-1-1.fla　　📶 操作视频：第 14 章 \14-1-1.swf

01 ▶执行"文件 > 新建"命令，在弹出的"新建文档"对话框中进行设置。

02 ▶执行"插入 > 新建元件"命令，新建一个"名称"为"反应区"的"按钮"元件。

03 ▶在"点击"状态位置按 F6 键插入关键帧，并绘制一个 100×100 像素的矩形。

04 ▶按快捷键 Ctrl+F8，新建一个"名称"为"标记动画 1"的"影片剪辑"元件。

05 ▶按快捷键 Ctrl+R，将"素材 \ 第 14 章 \141101.png"图像导入。

06 ▶选中导入的图像，按 F8 键将图像转换为"名称"为"标记框"的"图形"元件。

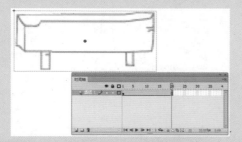

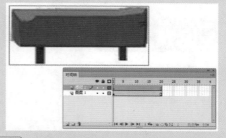

07 ▶在"时间轴"面板的第 20 帧位置按 F5 键插入帧。

08 ▶新建一个图层，在第 2 帧位置按 F6 键插入关键帧，按快捷键 Ctrl+R 将"素材\第 14 章 \141102.png"图像导入。

09 ▶ 按 F8 键将导入的图像转换为"名称"为"标记"的"图形"元件。

10 ▶ 分别在"图层 2"的第 10 帧位置和第 19 帧位置按 F6 键插入关键帧。

11 ▶ 选择"图层 2"第 2 帧位置中的"图形"元件。打开"属性"面板，对"色彩效果"选项卡进行设置。

12 ▶ 使用相同的方法选中第 19 帧中的"图形"元件，并在"属性"面板中设置 Alpha 值为 0%。

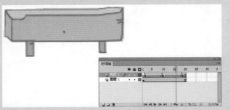

13 ▶ 为"图层 2"中的关键帧创建"传统补间动画"。

14 ▶ 新建"图层 3"，按快捷键 Ctrl+R 将"素材 \ 第 14 章 \141103.png"图像导入。

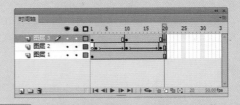

15 ▶ 选中导入的图像，按 F8 键将图像转换为"名称"为"新闻"的"图形"元件。

16 ▶ 分别在"图层 3"的第 10 帧位置和第 20 帧位置按 F6 键插入关键帧。

17 ▶ 选择"图层 3"第 10 帧位置中的"图形"元件，在"属性"面板中修改"色调"为 100% 的 #FFFFFF。

18 ▶ 右键单击"图层 3"的第 1 帧和第 10 帧位置，在弹出的快捷菜单中选择"创建传统补间动画"命令。

19 ▶ 新建"图层 4"，选择第 1 帧位置，按 F9 键打开"动作"面板，并输入脚本语言。

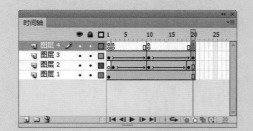

21 ▶ 使用相同的方法为"图层 4"的第 10 帧和第 20 帧位置插入 stop(); 脚本语言。

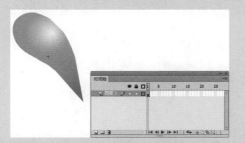

23 ▶ 按快捷键 Ctrl+R 将"素材 \ 第 14 章 \141104.swf"图像导入。

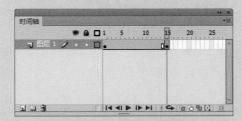

25 ▶ 单击"图层 1"的第 15 帧位置，按 F6 键插入关键帧。

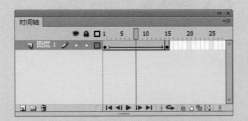

27 ▶ 右键单击"图层 1"的第 1 帧位置，在弹出的快捷菜单中选择"创建传统补间"命令。

20 ▶ 选择第 2 帧位置，按 F6 键插入关键帧，再次打开"动作"面板，并输入脚本语言。

22 ▶ 按快捷键 Ctrl+F8 新建一个"名称"为"水滴动画"的"影片剪辑"元件。

24 ▶ 按 F8 键将导入的图像转换为"名称"为"水滴"的"图形"元件。

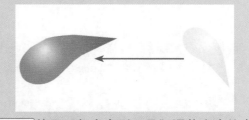

26 ▶ 使用"任意变形工具"调整水滴的大小、位置和角度。

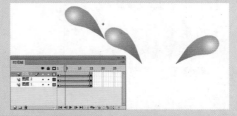

28 ▶ 使用相同的方法制作另外两滴水滴效果。

29 ▶ 新建"图层4"，在第16帧位置按F6键插入关键帧，并添加 stop(); 脚本语言。

31 ▶ 按快捷键 Ctrl+F8 新建一个"名称"为"游戏新闻动画"的"影片剪辑"元件。

33 ▶ 新建"图层5"，按F9键打开"动作"面板，并输入脚本语言。

35 ▶ 返回"场景1"中，按快捷键 Ctrl+R将"素材\第14章\141120.png"图像导入。

37 ▶ 使用相同的方法，将其他的影片剪辑元件拖曳到不同的图层中。

30 ▶ 使用相同的方法制作"卡通小鼠动画"影片剪辑元件。

32 ▶ 从"库"面板中将"卡通小鼠动画"、"标记动画1"和"反应区"元件拖曳到舞台中。

34 ▶ 使用制作"游戏新闻动画"的方法制作其他的"影片剪辑"动画。

36 ▶ 新建"图层2"，从"库"面板中拖曳出"游戏新闻动画"元件。

38 ▶ 将文档保存，按快捷键 Ctrl+Enter 测试动画的效果。

提问：为什么按钮元件中只在"点击"位置绘制图形？

答：对于存在大量按钮导航的动画，使用按钮反应区来控制各个链接是很好的方法。

14.1.2　Flash 导航动画分类

Flash 导航动画按照功能可以分为两种，即网站菜单导航和网站地图导航。下面详细介绍两种导航的不同之处和使用方式。

● **网站菜单导航**

网站菜单导航的基本作用是让用户在浏览网站的过程中能够准确到达想要到达的位置，并且可以方便地回到网站首页。

● **网站地图导航**

网站地图导航的基本作用是让浏览者可以对网站整体框架快速了解，并且可以通过网站地图中的各个栏目链接进入相应的栏目。

提示　　导航菜单制作的好坏直接影响整个网站项目的优劣，导航菜单也有很多表现形式，包括水平菜单、垂直菜单、下拉菜单以及多级菜单等。

➡ 实例 75+ 视频：社区网站导航

本实例制作的是一个社区网站导航动画，社区网站导航动画需要体现社区网站的特点，内容不需要过于复杂，但是导航菜单的标示需要清晰易辨识。

🏠 源文件：源文件 \ 第 14 章 \14-1-2. fla　　　　📡 操作视频：视频 \ 第 14 章 \14-1-2. swf

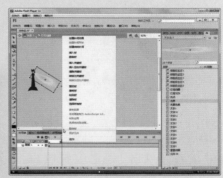

`01` ▶ 执行"文件 > 新建"命令，在弹出的"新建文档"对话框中设置各项参数。

`02` ▶ 执行"插入 > 新建元件"命令，新建一个"名称"为"文字 1"的"图形"元件。

03 ▶使用"文本工具"在舞台中输入文字，将文字选中，在"属性"面板中设置字符样式。

05 ▶使用相同的方法制作其他的文字"图形"元件。

07 ▶在"点击"状态位置按 F6 键插入关键帧，使用"椭圆工具"绘制一个正圆。

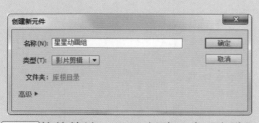

09 ▶按快捷键 Ctrl+F8 新建一个"名称"为"星星动画组"的"影片剪辑"元件。

04 ▶选中刚刚输入的文字，按快捷键 Ctrl+B 两次，对文本进行分离。

06 ▶按快捷键 Ctrl+F8 新建一个"名称"为"按钮反应区 1"的"按钮"元件。

08 ▶使用相同的方法制作其他的"按钮"元件。

10 ▶按快捷键 Ctrl+R，将"素材\第 14 章\141201.swf"图像导入。

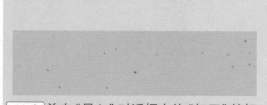

11 ▶ 单击 "导入" 对话框中的 "打开" 按钮，观察导入的图像效果。

12 ▶ 新建一个 "名称" 为 "灯塔元件" 的 "图形" 元件。

13 ▶ 按快捷键 Ctrl+R，将 "素材 \ 第 14 章 \141203.swf" 图像导入。

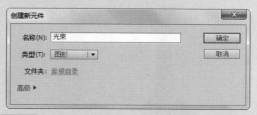

14 ▶ 再次新建一个 "名称" 为 "光束" 的 "图形" 元件。

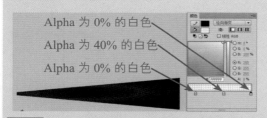

15 ▶ 在舞台中绘制一个矩形，并使用 "选择工具" 对其进行调整。选中图像，在 "颜色" 面板中设置填充样式为 "径向渐变"。

16 ▶ 使用相同的方法制作 "光晕效果" 元件和 "光点" 元件。

17 ▶ 再次新建一个 "名称" 为 "灯塔动画" 的 "影片剪辑" 元件。

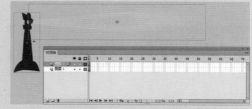

18 ▶ 从 "库" 面板中拖曳出 "灯塔元件" 和 "光束" 元件。

19 ▶ 在 "图层 1" 的第 258 帧位置按 F5 键插入帧。

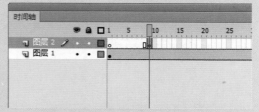

20 ▶ 选中 "图层 2" 的第 1 帧，将其拖曳到第 9 帧位置。

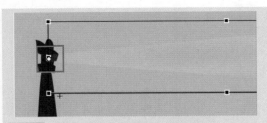

21 ▶使用"任意变形工具"选择"光束"元件并调整该元件的中心点。

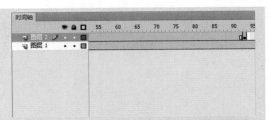

22 ▶在"图层 2"的第 93 帧位置按 F6 键插入关键帧。

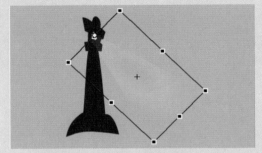

23 ▶选中"图层 2"第 9 帧位置中的 元件，使用"任意变形工具"对元件进行变形和旋转。

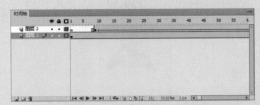

24 ▶右键单击"图层 2"的第 9 帧位置，在弹出的快捷菜单中选择"创建传统补间"命令。

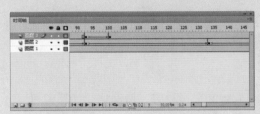

25 ▶使用相同的方法创建其他的传统补间动画和图层。

26 ▶新建一个图层，在第 9 帧位置按 F6 键插入关键帧，在"属性"面板的"名称"文本框中输入 lre。

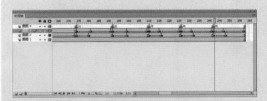

27 ▶使用相同的方法在第 175 帧、第 193 帧、第 211 帧、第 227 帧、第 243 帧位置输入名称。

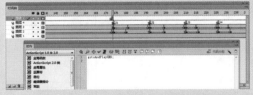

28 ▶新建"图层 5"，在第 174 帧位置按 F6 键插入关键帧，按 F9 键输入脚本语言。

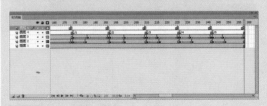

29 ▶使用相同的方法在其他的位置插入关键帧和 stop(); 脚本语言。

30 ▶新建一个"名称"为"场景动画组"的"影片剪辑"元件。

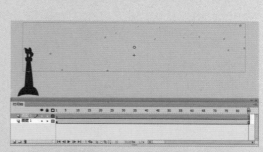

31 ▶ 从"库"面板中拖曳出"灯塔动画"实例，选中拖曳出的实例，在"属性"面板中设置其"实例名称"为 light。

32 ▶ 在"图层 1"的第 85 帧位置按 F5 键插入帧，新建"图层 2"，将"库"面板中的"星星动画组"元件拖曳到舞台中。

33 ▶ 新建"图层 3"，在第 6 帧位置按 F6 键插入关键帧，按快捷键 Ctrl+Shift+O 将"素材 \ 第 14 章 \141202.fla"打开。

34 ▶ 从弹出的"外部库"面板中将"人物 1 整体动画"元件拖曳到舞台中。

35 ▶ 在第 14 帧位置按 F6 键插入关键帧，将"人物 1 整体动画"元件的位置向上调整。

36 ▶ 在第 17 帧位置按 F6 键插入关键帧，将元件再次稍微向下调整 10 个像素。

37 ▶ 右键单击"图层 3"的第 6 帧和第 14 帧，在弹出的快捷菜单中选择"创建传统补间"命令。

38 ▶ 使用相同的方法制作其他的图层和传统补间动画。

39 ▶ 按快捷键 Ctrl+F8 新建一个"名称"为"高光动画"的"影片剪辑"元件。

40 ▶ 从"库"面板中拖曳出"光晕效果"元件。

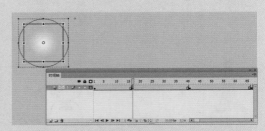

41 ▶ 在第 17 帧、第 41 帧和第 67 帧位置按 F6 键插入关键帧。

42 ▶ 使用"任意变形工具"将第 17 帧和第 67 帧位置中的元件放大。

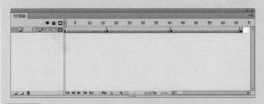

43 ▶ 右键单击第 1 帧、第 17 帧和第 41 帧位置,在弹出的快捷菜单中选择"创建补间动画"命令。

44 ▶ 新建一个图层,再次拖曳一个"光晕效果"元件,使用"自由变换工具"横向缩小实例,对其进行复制,并旋转 90°。

提 示

用户在复制并粘贴实例后,复制出的实例会偏离原来的位置,此时用户可以在复制实例后,执行"编辑 > 原位粘贴"命令,这样就可以使粘贴的实例还在原来的位置。

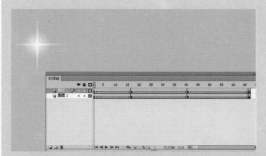

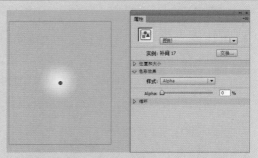

45 ▶ 在第 17 帧、第 41 帧和第 67 帧位置按 F6 键插入关键帧,并创建传统补间。

46 ▶ 选择"图层 2"第 1 帧中的元件,在"属性"面板中将 Alpha 值调整为 0%。

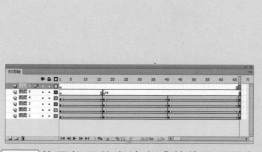

47 ▶ 使用相同的方法完成其他图层的制作，并添加脚本语言。

48 ▶ 使用相同的方法制作其他的元件。

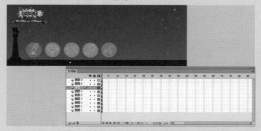

49 ▶ 返回"场景 1"中，将相应的元件拖曳到不同的图层中。

50 ▶ 将文档保存，按快捷键 Ctrl+Enter 测试动画效果。

提问

提问：为什么要为帧添加名称？

答：为帧添加名称是为了运用动画的脚本语言，通过这些帧的名称可以实现动画的跳转效果。

14.2 Flash 导航分析

一提到网站的导航，马上就会想到那些绚丽的按钮，通过对按钮的点击实现页面或动画的切换。好的导航可以帮助用户在最短的时间内完成对站内页面的浏览。

➡ 实例 76+ 视频：制作儿童网站导航效果

儿童类网站通常色彩鲜艳，动画效果丰富。通过使用 Flash 制作导航可以很好的表现网站的特点。本案例中将使用 Flash 完成一个儿童网站的导航制作。

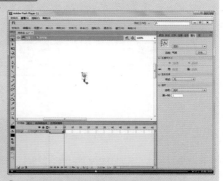

🏠 源文件：源文件 \ 第 14 章 \14-2. fla

📶 操作视频：视频 \ 第 14 章 \14-2. swf

01 ▶执行"文件 > 新建"命令，在弹出的"新建文档"对话框中进行设置。

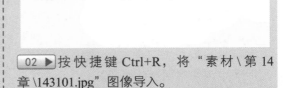

02 ▶按快捷键 Ctrl+R，将"素材 \ 第 14 章 \143101.jpg"图像导入。

03 ▶在第 194 帧位置按 F5 键插入帧，按 F8 键将该图像转换为"图形"元件。

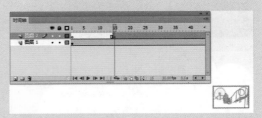

04 ▶新建一个图层，在第 15 帧位置按 F6 键插入关键帧，并导入 143102.png 图像。

05 ▶选中导入的图像，按 F8 键将图像转换为"名称"为"建筑 1"的"图形"元件。在第 20 帧位置按 F6 键插入关键帧。

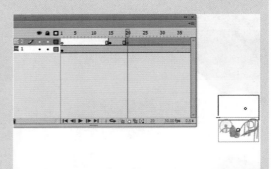

06 ▶选中"图层 2"第 20 帧位置中的"图形"元件，使用"选择工具"将该元件向上移动 45 个像素。

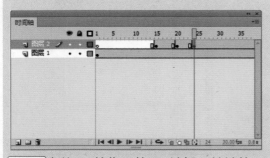

07 ▶在第 24 帧位置按 F6 键插入关键帧，并将元件向下移动 10 像素。

08 ▶为"图层 2"创建传统补间，将第 15 帧中实例的 Alpha 值调整为 0%。

09 ▶新建"图层3"，使用相同的方法制作另外一个建筑。

10 ▶新建"图层4"，导入143104.png图像，并将该图像转换为"图形"元件。

11 ▶执行"插入>新建元件"命令，新建一个"名称"为"热气球"的"影片剪辑"元件。

12 ▶将143105.png图像导入，按F8键将该图像转换为"图形"元件。

13 ▶在第10帧位置按F6键插入关键帧，将元件向上移动5个像素。

14 ▶使用相同的方法制作第30帧和第40帧中的"图形"元件。

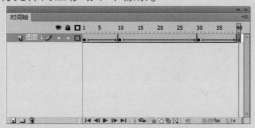

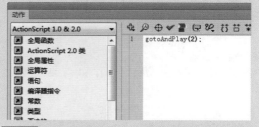

15 ▶分别为第1帧、第10帧和第30帧位置创建传统补间。

16 ▶新建图层，在第40帧位置按F6键插入关键帧，打开"动作"面板，并输入脚本语言。

17 ▶新建"图层5"，在第45帧位置按F6键帧插入关键帧，从"库"面板中拖曳出"热气球"元件，并在第59帧插入关键帧。

18 ▶为第45帧创建传统补间动画，选择第45帧位置中的元件，在"属性"面板中修改Alpha值为0%。

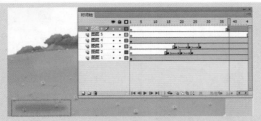

19 ▶ 新建"图层 6",在第 38 帧位置按 F6 键插入关键帧。按快捷键 Ctrl+R,将"素材 \ 第 14 章 \143106.png"图像导入。

21 ▶ 在"图层 6"的第 120 帧位置按 F6 键插入关键帧,再次在第 106 帧位置按 F7 键插入空白关键帧。

23 ▶ 使用"选择工具"选中导入的图像,按 F8 键将导入的图像转换为"名称"为"数字 3"的"图形"元件。

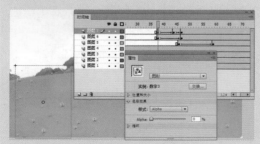

25 ▶ 为"图层 7"的第 37 帧和第 44 帧创建传统补间动画,并将第 37 帧位置中"图形"元件的 Alpha 值设置为 0%。

20 ▶ 在"图层 6"的第 47 帧位置按 F6 键插入关键帧,为第 38 帧创建传统补间动画,并将该帧中实例的 Alpha 值设置为 0%。

22 ▶ 新建"图层 7",在第 38 帧位置按 F6 键插入关键帧,并将"素材 \ 第 14 章 \143107.png"图像导入。

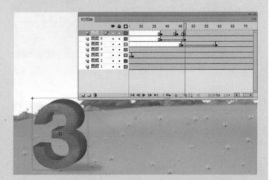

24 ▶ 在第 44 帧位置按 F6 键插入关键帧,将实例向上移动 30 像素。在第 47 帧位置按 F6 键插入关键帧,将实例向下移动 13 像素。

26 ▶ 使用相同的方法完成其他的图层和数字元件的制作。

27 ▶新建"图层 22",在第 70 帧位置中按 F6 键插入关键帧,从"库"面板中将"数字 1"元件拖曳到舞台中。

28 ▶在第 82 帧位置按 F6 键插入关键帧,选中该位置中的实例,在"属性"面板中修改"色彩效果"选项卡。

29 ▶为"图层 22"的第 70 帧位置创建传统补间动画。

30 ▶在第 89 帧位置按 F7 键插入空白关键帧,从"库"面板中拖曳出"数字 2"元件。

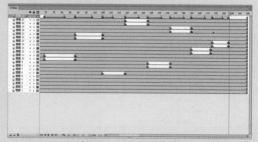

31 ▶在第 99 帧位置按 F6 键插入关键帧,并修改该帧中实例的色彩效果。

32 ▶使用相同的方法制作其他几个数字的颜色变化。

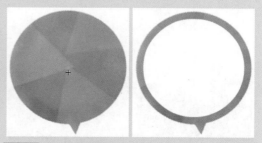

33 ▶按快捷键 Ctrl+F8,新建一个"名称"为"文本气泡"的"影片剪辑"元件。

34 ▶按快捷键 Ctrl+R,将 143122.png 图像导入,新建一个图层,绘制一个正圆。

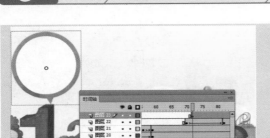

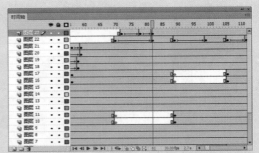

35 ▶ 返回"场景1"，在第72帧位置按F6键插入关键帧，将刚刚制作的"文本气泡"元件拖曳到舞台中。

36 ▶ 在第78帧位置和第82帧位置按F6键插入关键帧。分别移动第78帧和第82帧位置中的元件，并创建传统补间动画。

37 ▶ 使用相同的方法制作其他位置的传统补间动画，并完成其他相似图层的制作。

38 ▶ 新建"图层37"，在第195帧位置按F6键插入关键帧。

39 ▶ 将"素材\第14章\143131.txt"文档打开，并将其中的内容复制。

40 ▶ 在第195帧位置按F9键打开"动作"面板，并将刚刚复制的脚本语言粘贴到其中。

41 ▶ 将文档保存，按快捷键Ctrl+Enter测试动画效果。

42 ▶ 使用鼠标测试动画中每一个数字的导航效果。

提问：为什么要为实例命名？

答：在动画制作中，常常要使用 ActionScript 脚本语言对动画中的"影片剪辑"元件实现控制，所以对"影片剪辑"命名"实例名称"是一个非常好的方法。

14.3 本章小结

本章主要以实例的形式介绍了 Flash 网站导航动画的制作方法，希望用户通过本章的学习，可以了解到 Flash 网站导航动画的分类和制作要点，并能够自己独立制作出 Flash 网站导航动画。

第 15 章 网站广告动画制作

随着互联网的不断发展，Flash 的运用范围也越来越广，逐渐应用到网站的各个领域，本章将带领读者学习如何使用 Flash 制作网站广告动画。

15.1 Flash 中文本的类型

在 Flash 中，有 3 种文本类型可供选择，分别是"静态文本"、"动态文本"和"输入文本"。

15.1.1 静态文本

静态文本是一个无法动态更新的字段。在创建静态文本时，可以将文本放在单独的一行中，该行会随着文字的键入而扩展，也可以将文本放在定宽字段或定高字段中，这些字段会自动扩展和折行。

Flash 在每一个文本字段的一角显示一个手柄，用来识别该文本字段的类型。

● **扩展的静态水平文本**

对于扩展的静态水平文本，会在该文本字段的右上角显示一个圆形手柄。

● **从右到左、高度固定的静态垂直文本**

对于文本流向从右到左、高度固定的静态垂直文本，在该文本字段的左下角显示一个方形手柄。

● **固定宽度的水平文本**

对于具有固定宽度的静态水平文本，会在该文本字段的右上角显示一个方形手柄。

● **从右到左、扩展的静态垂直文本**

对于文本流向从右到左、扩展的静态垂直文本，会在文本字段的左下角显示一个圆形手柄。

● **从左到右、扩展的静态垂直文本**

对于文本流向从左到右、扩展的静态垂直文本，会在该文本字段的右下角显示一个圆形手柄。

本章知识点

- ☑ 了解文本的类型
- ☑ 掌握文本的调整
- ☑ 掌握"对齐"面板
- ☑ 掌握"场景"面板
- ☑ 掌握广告动画的制作

静态垂直文本，会在该文本字段的右下角显示一个方形手柄。

● 从左到右、高度固定的静态垂直文本

　　对于文本流向从左到右、高度固定的

实例 77+ 视频：制作产品宣传广告动画

　　本实例制作的是一个护肤产品的宣传广告动画，在制作的过程中主要使用了"文本工具"体现主题，通过本实例的制作，可以掌握"文本工具"的使用方法和技巧。

🏠 源文件：源文件 \ 第 15 章 \15-1-1.fla

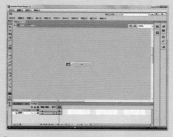

📡 操作视频：视频 \ 第 15 章 \15-1-1.swf

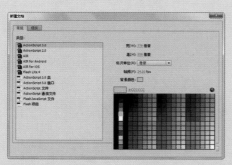

`01 ▶` 执行"文件 > 新建"命令，在弹出的"新建文档"对话框中进行设置。

`02 ▶` 按快捷键 Ctrl+R，导入"素材 \ 第 15 章 \151101.jpg"，在第 80 帧位置插入帧。

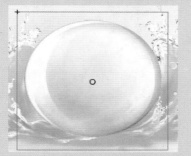

`03 ▶` 新建"图层 2"，使用相同的方法，导入"素材 \ 第 15 章 \151102.png"。

`04 ▶` 按 F8 键，在弹出的"转换为元件"对话框中进行设置。

05 ▶ 在第 15 帧位置按 F6 键插入关键帧，并设置第 1 帧位置元件的"色彩效果"。

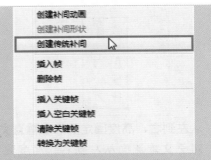

06 ▶ 使用鼠标右击第 1 帧位置，在弹出的快捷菜单中选择"创建传统补间"命令。

07 ▶ 执行"插入 > 新建元件"命令，在弹出的"创建新元件"对话框中进行设置。

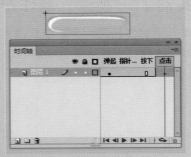

08 ▶ 导入"素材 \ 第 15 章 \151103.png"，并在"点击"位置按 F6 键插入关键帧。

09 ▶ 新建"图层 2"，选择"文本工具"，在"属性"面板中进行设置。

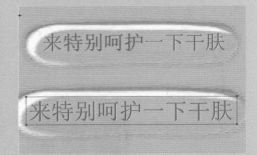

10 ▶ 输入文本，并更改"特别呵护"的颜色为 #B152DB。

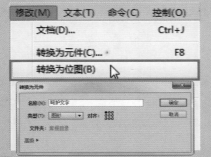

11 ▶ 执行"修改 > 转换为位图"命令，将文本转换为位图，并按 F8 键将其转换为"图形"元件。

12 ▶ 分别在"指针经过"和"按下"位置按 F6 键插入关键帧，并修改"指针经过"位置元件的"色彩效果"。

13 ▶返回"场景 1"，新建"图层 3"，将"呵护"元件拖入舞台中。

14 ▶使用相同的方法，完成"俱乐部"按钮元件的制作。

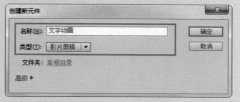

15 ▶返回"场景 1"，新建"图层 4"，将"俱乐部"元件拖入舞台中。

16 ▶使用相同的方法，创建一个"文字动画"影片剪辑元件。

17 ▶导入"素材\第 15 章\151104.png"，按 F8 键将其转换为"白背景"图形元件，在第 35 帧位置按 F6 键插入关键帧。

18 ▶在"属性"面板中设置第 1 帧位置元件的"色彩效果"，在第 55 帧位置按 F5 键插入帧。

19 ▶新建"图层 2"，使用相同的方法，完成"图层 2"的制作。

20 ▶新建"图层 3"，在第 15 帧位置插入关键帧，导入"素材\第 15 章\151105.png"。

21 ▶ 按 F8 键将其转换为"人人都说"图形元件。

22 ▶ 分别在第 25 帧和第 35 帧位置按 F6 键插入关键帧,设置第 15 帧位置元件的"位置"和"色彩效果"。

23 ▶ 使用相同的方法,完成第 25 帧位置元件的调整。

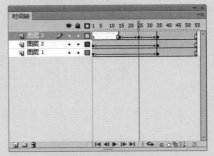

24 ▶ 分别在第 15 帧位置和第 25 帧位置创建传统补间动画。

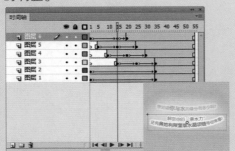

25 ▶ 使用相同的方法,完成其他图层的制作。

26 ▶ 新建"图层 7",按 F9 键,在打开的"动作"面板中输入 stop(); 脚本语言。

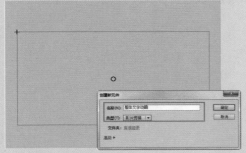

27 ▶ 创建"整体文字动画"元件,在第 35 帧位置插入关键帧,将"文字动画"元件拖入舞台。

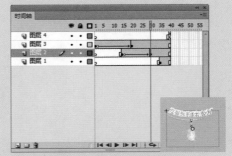

28 ▶ 使用相同的方法,完成"整体文字动画"元件其他图层的制作。

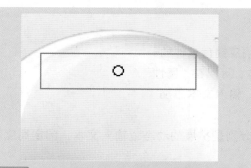

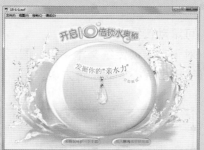

29 ▶返回"场景 1"，新建"图层 5"，在第 15 帧位置按 F6 键插入关键帧，并将"整体文字动画"拖入舞台。

30 ▶使用相同的方法，完成其他相似图层的制作。

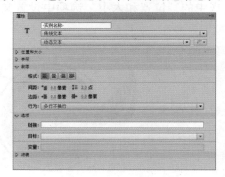

31 ▶执行"文件 > 另存为"命令，保存文件，完成动画的制作，按快捷键 Ctrl+Enter，测试动画效果。

 提问

提问：为何要将文本转换为位图？

答：因为动画制作中的文本尽量不要使用过多的字体，而且为了保证在任何环境下都能正常显示，可以将其转换为位图。

15.1.2　动态文本

　　动态文本是一个显示动态更新的文本字段，如果需要从文件、数据库加载文本，或者在 Flash Player 中播放时需要更改文本，则可以使用动态文本。

　　在舞台中选择动态文本框或创建动态文本，可以在"属性"面板中对其进行相应的设置。

15.1.3 输入文本

输入文本是可以接受用户输入的文本，是响应键盘事件的一种人机交互的工具。在舞台中选择一个输入文本，可以在"属性"面板中对其进行相应的设置，与动态文本相比，输入文本添加了一个"最大字符数"属性。

创建动态文本和输入文本的类型有3种，分别是扩展的动态或输入文本、固定高度和宽度的动态或输入文本和可滚动传统文本字段。

● **扩展的动态或输入文本**

对于扩展的动态或输入文本，会在该文本字段的右下角显示一个圆形手柄。

● **固定高度和宽度的动态或输入文本**

对于具有固定高度和宽度的动态或输入文本，会在该文本字段的右下角显示一个方形手柄。

● **可滚动传统文本字段**

对于可滚动传统文本字段，圆形手柄或方形手柄由空心变为黑色方块。

提示 按住 Shift 键的同时，双击动态文本字段或输入文本字段的手柄，即可创建在舞台上输入文本时不扩展的文本字段，从而可以创建固定大小的文本字段，并用多余且可以显示的文本来填充它，从而创建滚动文本。

15.2 文本的调整

在制作 Flash 文本动画时，文本的调整显得尤为重要，它关系到整个动画的整体效果是否表现得淋漓尽致。

15.2.1 文本的位置和大小

在舞台中输入文本后，可以在"属性"面板中的"位置和大小"选项中设置文本框的大小和位置。

实例 78+ 视频：制作房地产广告

　　本实例制作的是一个房地产广告动画，在制作的过程中主要通过传统补间动画制作广告动画的淡入淡出效果，通过为文本添加滤镜增强广告的美感。

源文件：源文件 \ 第 15 章 \15-2-1.fla

操作视频：视频 \ 第 15 章 \15-2-1.swf

`01` ▶ 执行"文件 > 新建"命令，在弹出的"新建文档"对话框中进行设置。

`02` ▶ 按快捷键 Ctrl+R，导入"素材 \ 第 15 章 \152101.jpg"。

`03` ▶ 按 F8 键将其转换为"名称"为"背景"的"图形"元件。

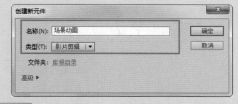

`04` ▶ 执行"插入 > 新建元件"命令，在弹出的"创建新元件"对话框中进行设置。

`05` ▶ 使用相同的方法，导入"素材 \ 第 15 章 \152102.png"并转换为"场景 1"图形元件。在第 160 帧位置按 F5 键插入帧。

`06` ▶ 新建"图层 2"，在第 10 帧位置按 F6 键插入关键帧，导入"素材 \ 第 15 章 \152103.png"并转换为"场景 2"图形元件。

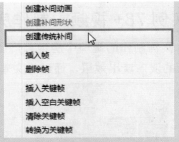

07 ▶在第 30 帧位置按 F6 键插入关键帧，在"属性"面板中调整第 1 帧位置元件的"色彩效果"。

08 ▶使用鼠标右击第 15 帧位置，在弹出的快捷菜单中选择"创建传统补间"命令。

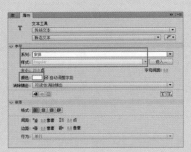

09 ▶使用相同的方法，完成其他相似图层的制作。

10 ▶使用相同的方法，创建"文字 1"影片剪辑元件，选择"文本工具"，在"属性"面板中进行设置。

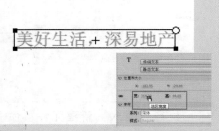

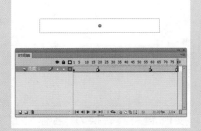

11 ▶在舞台中输入文本，并调整其大小。使用相同的方法，创建一个"名称"为"文字动画"的"影片剪辑"元件。

12 ▶将"文字 1"元件从"库"面板拖入舞台中，分别在"图层 1"的第 20 帧、第 60 帧和第 80 帧位置按 F6 键插入关键帧。

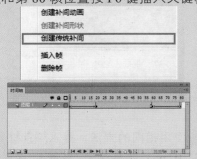

13 ▶分别为第 20 帧位置的元件和第 60 帧位置的元件添加"投影"滤镜。

14 ▶分别在第 1 帧位置和第 60 帧位置创建传统补间动画。

15 ▶ 单击"场景 1"按钮，返回"场景 1"编辑状态。

16 ▶ 新建"图层 2"，将"场景动画"元件从"库"面板拖入舞台中。

17 ▶ 新建"图层 3"，将"文字动画"元件拖入舞台中并调整其位置。

18 ▶ 执行"文件 > 另存为"命令，在弹出的"另存为"对话框中进行设置。

19 ▶ 单击"保存"按钮，保存文件，完成动画的制作，按快捷键 Ctrl+Enter，测试动画效果。

提问：调整文本位置的其他方法是什么？

答：除了在"属性"面板中调整文本的位置外，还可以直接拖动文本框来改变其位置，也可以使用"选择工具"直接拖动文本，改变文本的位置。

15.2.2　文本的颜色

在 Flash 中设置文本颜色的方法很多，可以使用"填充颜色"、"样本"面板和"颜色"面板，还可以在"属性"面板中的"字符"选项下进行颜色设置。

 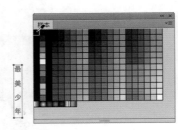 

15.3 使用"场景"面板

在制作 Flash 动画时，可以使用"场景"面板管理不同的场景，例如添加场景、重制场景和删除场景等。Flash 文档会按照"场景"列表中所列的顺序依次播放每一个场景，通过单击并拖动场景名称，即可更改场景的顺序。

在 Flash 中，Flash 场景动画分为两种，分别是单场景动画和多场景动画。

● **单场景动画**

单场景动画可以通过一个简单的场景来实现一种动画信息，这种动画一般制作比较简单。

● **多场景动画**

多场景动画可以通过多个场景切换制作丰富的动画效果，这种动画制作比较复杂，需要好的剧本。

➡️ 实例 79+ 视频：制作单场景动画

本实例制作的是一个单场景的家具广告动画，在制作的过程中，将所有需要表达的内容放在了一个场景中，通过本实例的学习，可以对场景有所了解。

🏠 源文件：源文件 \ 第 15 章 \15-3.fla

📡 操作视频：视频 \ 第 15 章 \15-3.swf

01 ▶ 执行"文件 > 新建"命令，在弹出的"新建文档"对话框中进行设置。

02 ▶ 执行"插入 > 新建元件"命令，在弹出的"创建新元件"对话框中进行设置。

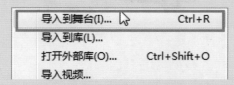

03 ▶ 执行"文件 > 导入 > 导入到舞台"命令。

04 ▶ 在弹出的"导入"对话框中选择"素材 \ 第 15 章 \15301.png"。

05 ▶ 新建"家具 2"图形元件，并导入"素材 \ 第 15 章 \15302.png"。

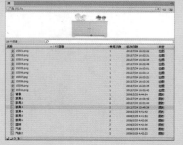

06 ▶ 使用相同的方法，完成其他元件的创建和制作。

07 ▶ 单击"场景 1"按钮，返回"场景 1"编辑状态。

08 ▶ 将"背景"元件从"库"面板拖入舞台中，在第 60 帧位置按 F5 键插入帧。

09 ▶ 新建"图层 2"，将"家具 1"元件拖入舞台中。

10 ▶ 在第 10 帧位置按 F6 键插入关键帧，并调整该帧中元件的位置。

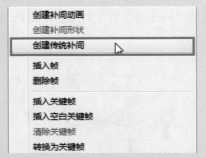

11 ▶ 使用鼠标右击第 1 帧位置，在弹出的快捷菜单中选择"创建传统补间"命令。

12 ▶ 新建"图层 3"，在第 40 帧位置按 F6 键插入关键帧，拖入"汽车"元件。

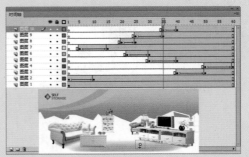

13 ▶ 在第 50 帧位置插入关键帧，设置第 40 帧位置元件的"色彩效果"和"位置"。

14 ▶ 在第 40 帧位置创建传统补间动画，使用相同的方法，完成其他相似图层的制作。

15 ▶ 新建"图层 11"，在第 60 帧位置插入关键帧，在"动作"面板中输入 stop(); 脚本语言。

16 ▶ 执行"文件 > 另存为"命令，在弹出的"另存为"对话框中进行设置。

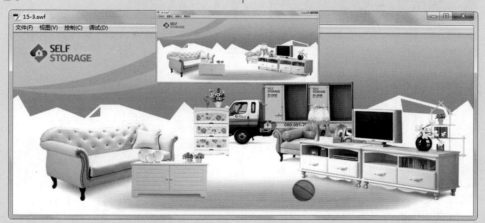

17 ▶ 单击"保存"按钮，保存文件，完成动画的制作。按快捷键 Ctrl+Enter，测试动画效果。

提问：Flash 场景动画的表现形式是什么？

答：在制作场景动画时，基本上会使用到所有的动画类型，动画的表现形式较多，具体表现形式可以根据不同的场景来定。

15.4 关于"对齐"面板

在 Flash 动画的制作过程中，会经常使用到"对齐"面板，执行"窗口 > 对齐"命令，在打开的"对齐"面板中即可完成以不同的方式对齐和分布对象。

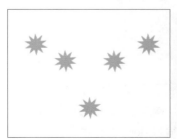

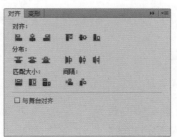

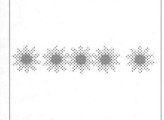

实例 80+ 视频：制作幻灯片广告

本实例制作的是一个通过 ActionScript 控制幻灯片播放的广告动画，在制作的过程中，重点突出产品信息，有很浓的商业味道。

🏠 源文件：源文件 \ 第 15 章 \15-4.fla　　📡 操作视频：视频 \ 第 15 章 \15-4.swf

01 ▶ 执行"文件＞新建"命令，在弹出的"新建文档"对话框中进行设置。

02 ▶ 按快捷键 Ctrl+F8，新建一个"名称"为"毛衣展示动画"的"影片剪辑"元件。

03 ▶ 按快捷键 Ctrl+R，导入"素材 \ 第 15 章 \15401.jpg"。

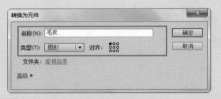

04 ▶ 按 F8 键将其转换为"名称"为"毛衣"的"图形"元件，在第 15 帧位置插入关键帧。

05 ▶ 在"属性"面板中设置第 1 帧位置元件的"色彩效果"，并创建传统补间动画。

06 ▶ 新建"图层 2"，选择第 1 帧，在"动作"面板中输入 stop();脚本语言。

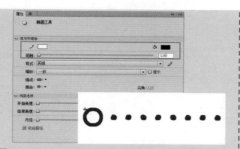

07 ▶ 在"属性"面板中进行设置,按住 Shift 键绘制正圆。使用相同的方法,完成其他相似图层的制作。

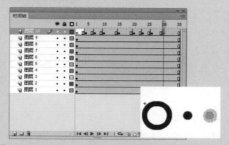

09 ▶ 在第 7 帧位置插入关键帧,并调整元件的位置,使用相同的方法,完成其他关键帧的创建和制作。

11 ▶ 返回"场景 1",将"毛衣"元件从"库"面板中拖入舞台,分别在第 15 帧、第 95 帧和第 110 帧位置插入关键帧。

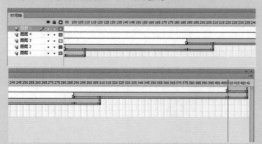

13 ▶ 分别在第 1 帧、第 15 帧和第 95 帧位置创建传统补间动画,使用相同的方法,完成其他相似图层的制作。

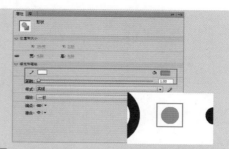

08 ▶ 新建"图层 10",在第 4 帧位置插入关键帧,使用"椭圆工具"绘制一个"填充颜色"为 #FF3399 的正圆。

10 ▶ 新建一个"名称"为"反应区"的按钮元件,在"点击"位置插入关键帧,使用"矩形工具"绘制矩形。

12 ▶ 分别在"属性"面板中设置第 1 帧和第 110 帧位置元件的"色彩效果"选项下的 Alpha 样式。

14 ▶ 新建"图层 6",将"毛衣展示动画"拖入舞台,在"属性"面板中设置其"实例名称"为 s01。

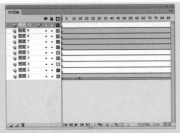

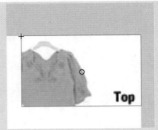

15 ▶ 使用相同的方法，完成其他相似图层的制作，新建"图层10"。

16 ▶ 将"导航毛衣动画"元件拖入舞台，使用相同的方法，完成其他相似图层的制作。

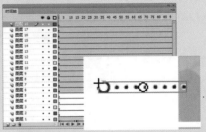

17 ▶ 新建"图层14"，将"反应区"元件拖入舞台，在"动作"面板中输入 on (rollOver) { _root.s01.gotoAndPlay(2);} 脚本语言。

18 ▶ 使用相同的方法，完成其他相似图层的制作，新建"图层18"，将"导航指针动画"元件拖入舞台。

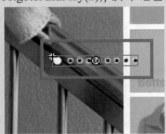

19 ▶ 分别在第95帧和第110帧位置插入关键帧，调整第110帧位置元件的位置，分别在第1帧和第95帧位置创建传统补间动画。

20 ▶ 使用相同的方法，完成其他关键帧的创建和制作，新建"图层19"，将"反应区"元件拖入舞台。

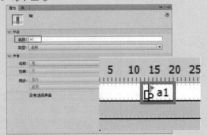

21 ▶ 使用"任意变形工具"调整"反应区"元件的大小。

22 ▶ 新建"图层20"，选择第15帧位置，在"属性"面板中设置"标签名称"为a1。

提示

　　　　在制作导航部分的过程中，可以使用"对齐"面板快速将多个对象"水平居中"和"垂直居中分布"。

23 ▶在第 15 帧位置插入关键帧，在"动作"
面板中输入 _parent.gotoAndPlay("a1");脚本语言。

24 ▶使用相同的方法，完成其他影片剪辑元
件的制作。

25 ▶使用相同的方法，创建"导航毛衣动
画"元件并导入"素材 \ 第 15 章 \15405.
jpg"，在第 5 帧位置按 F5 键插入帧。

26 ▶新建"图层 2"，选择"矩形工具"
在"属性"面板中进行设置，绘制一个圆
角矩形。

27 ▶使用鼠标右击"图层 2"，在弹出的快
捷菜单中选择"遮罩层"命令。

28 ▶使用相同的方法，完成其他影片剪辑
元件的制作。

29 ▶新建一个"名称"为"导航指针动画"
的影片剪辑元件。选择"椭圆工具"，在"属
性"面板中进行设置。

30 ▶按住 Shift 键，在舞台中绘制一个正
圆，在第 35 帧位置按 F5 键插入帧，新建"图
层 2"。

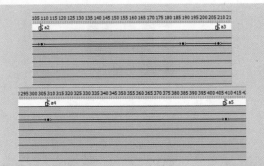

31 ▶ 使用相同的方法，为第 110 帧、第 210 帧、第 310 帧和第 410 帧位置添加"帧"标签。

32 ▶ 新建"图层 21"，在第 425 帧位置插入关键帧，在"动作"面板中输入 gotoAndPlay("a1"); 脚本语言。

33 ▶ 执行"文件 > 另存为"命令，保存文件，完成动画的制作。按快捷键 Ctrl+Enter，测试动画效果。

提问："反应区"按钮元件的作用是什么？

答：按钮元件的"点击"状态用于控制响应鼠标动作范围的反应区，只有当鼠标指针放在反应区内时，才会执行指定的相关操作。

15.5 本章小结

本章主要讲解了如何使用 Flash 完成网站广告动画的制作，通过制作网站广告动画，用户可以综合使用 Flash 软件中的各种工具，加深对 Flash 各种功能的理解，还可以掌握制作广告动画的表现形式和制作方法。

第 16 章 Flash 经典辅助软件

为了增强 Flash 的功能，一些个人或者公司开发了一些可以安装在 Flash 中或者独立运行的辅助软件，使用这些辅助软件可以完成一些 Flash 难以实现的效果。

16.1 Swish

Swish 是一款专业的文字动画制作软件、通过该软件能够轻松地实现多种文字动画效果。这些文字动画效果在 Flash 中同样可以实现，但是在 Flash 中制作起来会非常麻烦，而通过 Swish 软件只需要轻松地点击、选择文字动画的方式即可。

提示　Swish 可以使用户更快速，简单地在网页中加入 Flash 动画，并且具有超过 150 种可选择的预设效果。

➡ 实例 81+ 视频：使用 Swish

Swish 是一款快速、简单且方便的 Flash 制作软件，只要几个简单的操作，就可以让用户在自己的网页中加入众多酷炫动画效果。

本章知识点

- ☑ 认识 Dreamweaver
- ☑ 掌握 Dreamweaver 操作界面
- ☑ 了解 Dreamweaver 工作流程
- ☑ 掌握可视化助理布局
- ☑ 掌握画笔工具

🏠 源文件：第 16 章 \16-1. swf　　📶 操作视频：第 16 章 \16-1. swf

01 ▶打开 SWiSH Max 软件，执行"文件＞新建影片"命令。

02 ▶在弹出的对话框中选择 default 模板，单击"确定"按钮，新建一个空白文档。

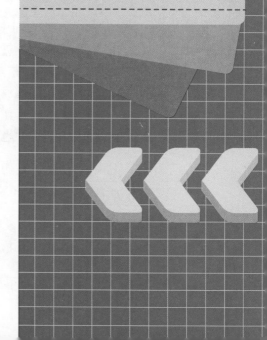

03 ▶单击工具箱中的"文本工具"按钮，在画布中绘制一个文本框。

04 ▶在"属性"面板中设置文字的字体、大小和颜色等参数。

05 ▶使用"文字工具"在文本框中单击，并输入文字。

06 ▶使用"选择工具"选中文本框，执行"插入>效果>回到起始>向外跳出并旋转"命令。

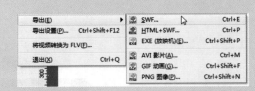

07 ▶按快捷键 Ctrl+Enter 测试刚刚制作的动画效果。

08 ▶执行"文件 > 导出 >SWF"命令，即可将动画导出为 SWF 文件。

提问：Swish 有多少种预设？

答：Swish 软件具有超过 150 种诸如爆炸、漩涡、3D 旋转以及波浪等预设的动画效果，用户也可以建立自己的效果。

16.2 Swift 3D

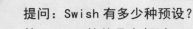

Swift 3D 是专业的矢量 3D 软件，它的出现充分弥补了 Flash 在 3D 方面的不足，它以较小的体积、强大的功能成为 Flash 一个重要的第三方软件。

实例 82+ 视频：使用 Swift 3D

　　Swift 3D 是一款可以帮助用户制作出精美的 3D 动画效果的软件，并且软件应用也非常简单方便，熟悉 Flash 的用户都能够很快熟悉应用。

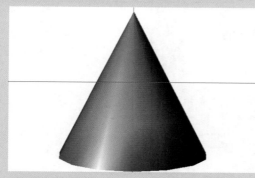

🏠 源文件：源文件 \ 第 16 章 \16-2. swf

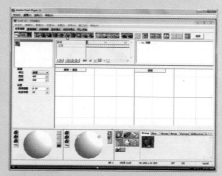

🔊 操作视频：视频 \ 第 16 章 \16-2. swf

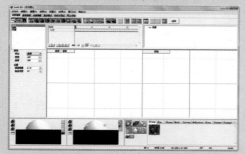

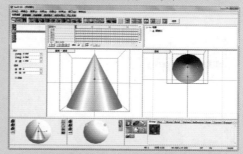

01 ▶ 打开 Swift 3D 软件，进入软件 的主界面。

02 ▶ 在软件的预设列表中选择一种或者多种需要制作的 3D 模型。

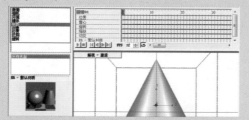

03 ▶ 用户可以在软件的左上角修改 3D 模型的材质、位置和比例等选项。

04 ▶ 在软件的下方，可以调整 3D 模型的光源效果。

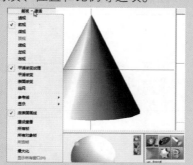

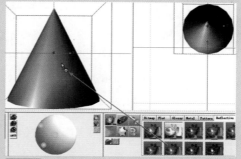

05 ▶ 在显示视图中鼠标单击左键，可以在弹出的快捷菜单中选择要激活的视图模式。

06 ▶ 在图库中选择需要的材质，并拖曳到 3D 模型上，即可将材质应用到 3D 模型上。

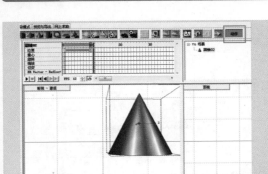

07 ▶ 单击软件窗口顶部的"动作"按钮，选择第 10 帧位置，并移动 3D 模型的位置。

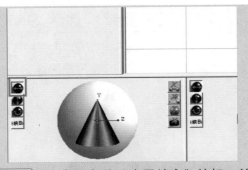

08 ▶ 单击左下角的"水平锁定"按钮，并对 3D 模型进行拖动。

09 ▶ 单击"预览与导出"选项卡，打开"目标文件类型"下拉列表，选择 SWF 文件类型。

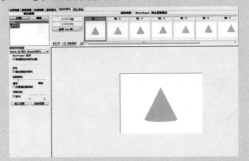

10 ▶ 单击顶部的"生成所有帧"按钮，对动画进行渲染。

11 ▶ 单击"导出所有帧"按钮，打开"导出矢量图文件"对话框。

12 ▶ 打开导出 3D 动画的位置，就可以看到刚刚导出的 3D 动画。

提问：Swift 3D 有什么不足之处？

答：Swift 3D 可以直接导出 SWF 文件，方便在 Flash 中作进一步处理。但是导入和导出的格式单一，不利于各种动画软件之间的相互协作。

16.3 Xara 3D

除了可以使用 Swish 快速制作文字动画以外，使用 Xara 3D 软件也可以制作出 3D 效果的文字动画，Xara 3D 为 Flash 动画的制作提供了很好的支持和补充。

实例 83+ 视频：使用 Xara 3D

Xara 3D 软件是一款非常强大的 3D 文字动画制作工具。界面简洁，功能却十分强大，只需要短短的几分钟就可以做出很棒的专业动态 3D 文字，即使是新手也可以很快入门。

源文件：源文件 \ 第 16 章 \16-3. swf

操作视频：视频 \ 第 16 章 \16-3. swf

01 ▶打开 Xara 3D 软件，进入软件 的 主界面。

02 ▶在软件的预设列表中选择一种或者多种需要制作的 3D 模型。

03 ▶单击"确定"按钮，观察窗口中的 3D 文字效果。

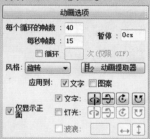

04 ▶单击打开右侧"动画选项"选项卡，并设置其中的各项参数。

05 ▶单击选项栏中的"开始 / 停止动画"按钮，观察动画的效果。

06 ▶执行"文件 > 导出动画"命令，在弹出的对话框中设置"保存类型"和"文件名"。

提问：Xara 3D 有什么优势？

答：Xara 3D 小巧、简洁、使用方便、运行速度快，对于不熟悉三维造型及动画制作的用户来说，在制作要求不高的图像时，比较容易掌握，制作过程也相对简单。

16.4 Particleillusion

Particleillusion（粒子幻觉），是一款主要以 Windows 为平台独立运作的分子效果系统及合成影像软件，所创造的视觉效果令人叹为观止。

➡ 实例84+ 视频：使用 Particleillusion

该软件主要的制作范围是以粒子系统的技术创作诸如火、爆炸、烟雾及烟花等动画效果，并且用户可以将这些动画效果导出

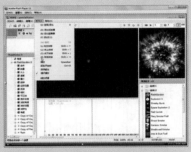

🏠 源文件：源文件 \ 第16章 \16-4. fla

📡 操作视频：视频 \ 第16章 \16-4. swf

为 PNG 序列文件，然后就可以应用到 Flash 中进行进一步的美化处理。

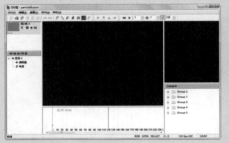

01 ▶ 打开 Particleillusion 软件，执行"文件 > 新建"命令，新建一个空白文件。

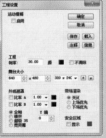

02 ▶ 单击选项栏中的"工程设置" 📁 按钮，打开"工程设置"对话框，并设置各项参数。

03 ▶ 在右侧的下拉列表中选择需要的"动画预设效果"。

04 ▶ 执行"动作 > 保存输出"命令，设置保存。

05 ▶ 单击"保存"按钮，弹出"导出选项"对话框，设置导出的各项参数。

06 ▶ 单击"确定"按钮，系统将自动开始对动画进行导出。

提问： 如此复杂的动画效果，会不会非常消耗计算机的运算时间？

答：Particleillusion 是利用一个分子影像来仿真大量的分子，如此一来就可以节省计算机大量的着色和运算时间。利用这样的影像式分子效果，所产生出的效果令人叹为观止。

16.5　本章小结

本章主要介绍了一些常用的 Flash 辅助软件。通过这些软件，可以轻易地制作出一些 Flash 难以制作出的动画效果，这样就可以节省出大量的工作时间。

第 17 章 Flash 动画的发布与优化

在 Flash 中完成动画的制作后，根据不同的需要，可以将其保存为不同的文件格式。本章将针对 Flash 动画的发布与优化进行详细讲解。

17.1 Flash 测试环境

在实际工作中，当完成一个动画的制作后，常常需要对动画的效果进行测试，发现不足之处，以便尽快修改。

在 Flash 中，用户可以执行"控制 > 测试影片"命令或执行"控制 > 测试场景"命令分别对动画的整体效果和不同的场景进行测试。

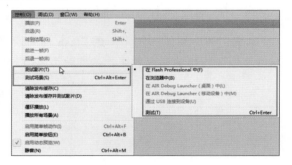

17.1.1 测试场景

在很多情况下，一个 Flash 动画中有多个场景，此时可以执行"控制 > 测试场景"命令或者按快捷键 Ctrl+Alt+Enter 对单个场景进行测试，以便清楚地查看单个场景的效果。

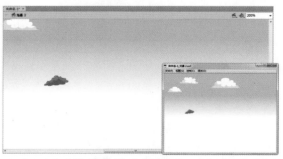

Flash 也可以对单个元件进行测试，双击需要测试的元件，进入元件的编辑状态，执行"控制 > 测试场景"命令或者按快捷键 Ctrl+Alt+Enter，即可对指定的元件效果进行测试。

本章知识点

- ☑ 掌握测试方法
- ☑ 掌握优化影片的方法
- ☑ 熟练掌握不同的发布格式
- ☑ 了解发布预览
- ☑ 掌握发布命令

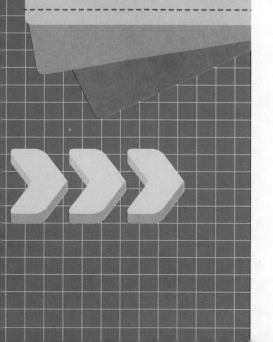

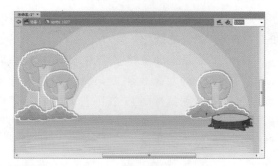
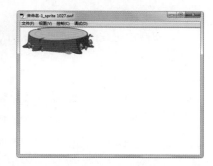

 提示　　双击进入某个元件的编辑状态时，在窗口的编辑栏上即可显示该元件的类型和名称，🎬表示影片剪辑元件，🔘表示按钮元件，🖼表示图形元件。

17.1.2　测试影片

在 Flash 中，完成动画的制作后，如果需要对动画的整体效果进行测试，执行"控制 > 测试影片 > 测试"命令或者按快捷键 Ctrl+Enter 即可，在测试的过程中，Flash 会自动生成一个 SWF 文件，并在 Adobe Flash Player 中进行播放。

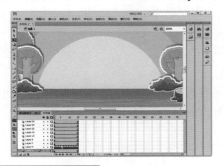
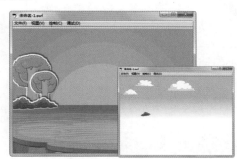

17.2　优化影片

如果要将制作的 Flash 动画应用于互联网，就需要对文件进行优化，因为文件的质量和大小会直接影响 Flash 动画的下载时间和播放速度。文件的质量越高，文件越大，下载时间越长，Flash 动画的播放速度越慢，反之，下载的时间较短，Flash 动画的播放速度较快。

Flash 文件包含很多元素，例如关键帧、字体、声音和视频等，用户可以根据使用途径的不同，对 Flash 影片进行相应的优化。

● **元件的优化**

如果一个对象需要重复使用，应该将其转换为元件，这样可以减小文件的体积。

● **动画的优化**

关键帧使用得越多，动画文件就会越大，制作时应尽量使用补间动画，少用逐帧动画。

● **线条的优化**

实线占用的资源比特殊样式的线条占用的资源少，所以制作时应该尽量使用普通的实线。

● **图形的优化**

多用构图简单的矢量图形，少用复杂的矢量图形。

● **位图的优化**

导入的位图图像文件体积应尽可能小，尽可能采用 JPG 或 PNG 等压缩较好的文件。

● **音频的优化**

音频文件最好以 MP3 方式压缩，MP3 是使声音最小化的格式。

● **文字的优化**

尽量不要使用太多的字体，并尽可能使用 Flash 内定的字体。字体被分离成图形后，会使文件体积增大，所以应尽量避免将文字打散。

● **填充的优化**

尽量减少使用渐变色和 Alpha 透明度，使用渐变色填充一个区域比使用纯色填充相同的区域多使用 50 个字符左右。

● **帧的优化**

限制每个关键帧中发生变化的区域，

一般应使动作发生在尽可能小的空间内。

● **图层的优化**

尽量避免安排多个对象同时产生动作。有动作的对象也不要与其他静态对象安排在同一图层中，应该将有动作的对象安排在独立的图层内，以加速动画的处理过程。

● **尺寸的优化**

动画的尺寸越小，动画文件就越小。用户可以在"属性"面板中修改文件长宽尺寸。

● **优化命令**

执行"修改 > 形状 > 优化"命令，能最大程度的减少用于描述图形轮廓的单个线条的数目。

提示　在对 Flash 影片进行优化时，不要一味地降低文件的大小，而忽略了文件的质量，以避免在播放 Flash 影片时出现问题。

17.3　Flash 动画的发布

在 Flash 中，"文件"菜单中包含 3 个与发布有关的命令，通过这些命令，用户可以将制作好的动画发布为不同的格式。应用在不同的领域中，以实现动画制作的目的。

17.3.1　发布设置

在 Flash 中，执行"文件 > 发布设置"命令，在弹出的"发布设置"对话框中可以设置发布动画的格式。默认情况下，"发布"命令会创建一个 Flash SWF 文件和一个 HTML 文档。

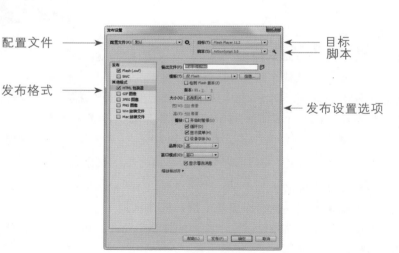

配置文件　→

发布格式　→

目标
脚本

发布设置选项

17.3.2　Flash 选项

在 Flash 中，执行"文件 > 发布设置"命令，在弹出的"发布设置"对话框中勾选 Flash（.swf）选项卡，打开 Flash（.swf）发布格式的相关选项，即可进行相关的发布设置。

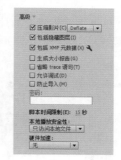

17.3.3　HTML 包装器

在 Web 浏览器上播放 SWF 文件，需要一个 HTML 文档并制定浏览器设置，发布 SWF 文件时，Flash 会自动创建 HTML 文档。

在 Flash 中，执行"文件 > 发布设置"命令，在弹出的"发布设置"对话框中勾选"HTML 包装器"选项卡，打开 HTML 包装器发布格式的相关选项，即可进行设置。

17.3.4　发布 GIF 图像

GIF 图像文件是一种压缩位图格式，支持透明背景图像，适用于多种操作系统，而且体积小，广泛应用在 Web 中。

在 Flash 中，执行"文件 > 发布设置"命令，在弹出的"发布设置"对话框中勾选"GIF 图像"选项卡，打开 GIF 图像发布格式的相关选项，即可进行设置。

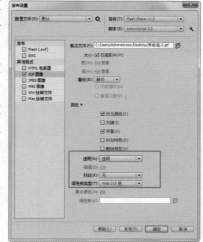

17.3.5　发布 JPG 图像

JPG 格式可以将图像保存为高压缩比的 24 位位图，使图像在体积很小的情况下有相对丰富的色调，故 JPG 格式图像的使用范围较为广泛，适合显示包含连续色调的图像。

在 Flash 中，执行"文件 > 发布设置"命令，在弹出的"发布设置"对话框中勾选"JPEG图像"选项卡，打开 JPEG 图像发布格式的相关选项，即可进行设置。

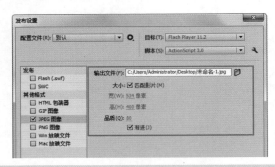 

实例 85+ 视频：发布为 JPG 图像

本实例制作的是将完成的 Flash 动画发布为 JPG 图像，通过本实例的学习，读者可以掌握如何进行"发布设置"。

🏠 源文件：源文件 \ 第 17 章 \17-3-5. jpg　　🔊 操作视频：视频 \ 第 17 章 \17-3-5. swf

01 ▶ 执行"文件 > 打开"命令，单击选择"素材 \ 第 17 章 \173501.fla"打开。

02 ▶ 执行"文件 > 发布设置"命令，弹出"发布设置"对话框。

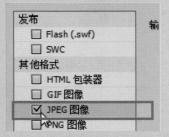 

03 ▶ 在弹出的"发布设置"对话框中取消勾选 Flash（.swf）和"HTML 包装器"，勾选"JPEG 图像"。

04 ▶ 单击"选择发布目标"按钮，在弹出的"选择发布目标"对话框中进行设置，单击"保存"按钮。

05 ▶ 完成"输出文件"的设置，单击"发布"按钮。

06 ▶ 单击"确定"按钮，打开"源文件\第17 章\17-3-5.jpg"查看发布的文件。

提问：如何设置发布图像的大小？

答：在"发布设置"对话框中取消勾选"匹配影片"选项，即可对 JPG 图像的宽度值和高度值进行设置。

17.3.6　发布 PNG 图像

PNG 图像文件具有高保真性、透明性和文件体积较小等特性，广泛应用于各个领域。执行"文件 > 发布设置"命令，在弹出的"发布设置"对话框中勾选"PNG 图像"选项卡，打开 PNG 图像发布格式的相关选项，即可进行设置。

17.3.7　发布预览

在 Flash 中，执行"文件 > 发布预览"命令，可以根据需要，选择其子菜单中的命令，将文件发布为相应的格式，并在默认浏览器中打开。

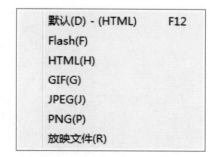

在"发布设置"对话框中勾选所有的文件格式，单击"确定"按钮，重新执行"文件 > 发布预览"命令，"发布预览"子菜单中的命令才全部可用。

17.3.8　发布 Flash 动画

完成动画的发布设置后，执行"文件 > 发布"命令，Flash 会创建一个 SWF 文件和一个 HTML 文件，该 HTML 文件会将 Flash 内容插入到浏览器窗口中。

17.4　本章小结

本章主要讲解了 Flash 动画的测试和发布，通过测试可以帮助用户检查动画中存在的不足，通过发布为不同的文件格式，应用到更加广泛的领域中，实现制作的意义。通过本章的学习，读者可以掌握测试动画的方法、发布动画格式和发布设置方法等。